# 工业机器人技术与应用研究

赵峰 著

## 内 容 提 要

本书介绍了工业机器人的定义、特点、发展、应用、分类及其技术参数。通过介绍工业机器人的机械结构、运动方程、控制系统和传感探测技术，使读者了解工业机器人的基本理论、关键技术和应用技能。此外还介绍了工业机器人的编程方式，以及在生产中的应用，可使读者对工业机器人的使用、调试和编程形成清晰的操作思路并掌握相应的技能。本书选材新颖，注重实用，案例丰富，将工程应用与理论知识进行有效衔接，使读者能够深入浅出地掌握工业机器人的理论知识和工程应用，可供自动化、机械工程等专业的学生及从事机器人行业的工程技术人员参考阅读。

**图书在版编目(CIP)数据**

工业机器人技术与应用研究 / 赵峰著. -- 北京：中国纺织出版社有限公司, 2024.11
ISBN 978-7-5229-1237-0

Ⅰ.①工… Ⅱ.①赵… Ⅲ.①工业机器人-研究 Ⅳ.①TP242.2

中国国家版本馆 CIP 数据核字(2023)第219918号

责任编辑：王 慧　　责任校对：高 涵　　责任印制：储志伟

中国纺织出版社有限公司出版发行
地址：北京市朝阳区百子湾东里 A407 号楼　邮政编码：100124
销售电话：010—67004422　　传真：010—87155801
http://www.c-textilep.com
中国纺织出版社天猫旗舰店
官方微博 http://weibo.com/2119887771
河北延风印务有限公司印刷　各地新华书店经销
2024年11月第1版第1次印刷
开本：710×1000　1/16　印张：13
字数：155千字　定价：98.00元

凡购本书，如有缺页、倒页、脱页，由本社图书营销中心调换

工业机器人是集机械、电子、控制、计算机、传感器、人工智能等多学科先进技术于一体的机电一体化设备,被称为工业自动化的三大支撑技术之一。它可以接受人类指挥,也可以按照预先编排的程序运行。随着工业机器人应用的日益普及,机器人向智能化方向发展是必然趋势,机器人技术将改变生产和生活,因此工业机器人技术也将成为一门重要的技术。本书主要为了帮助工业机器人学习者和兴趣爱好者快速、全面地掌握工业机器人技术技能,培养更多的从事工业机器人技术应用和开发的创新人才。

本书共七章,第一章对机器人的定义、特点、发展、应用、分类与技术参数进行了概述;第二章介绍了工业机器人机械结构技术;第三章为工业机器人运动学,包括物体在空间中的位姿描述、齐次坐标与齐次坐标变换、运动学方程及机器人逆运动学;第四章介绍了工业机器人控制系统;第五章为工业机器人传感探测技术;第六章为工业机器人编程;第七章为工业机器人工作站及自动生产线。

在本书编写过程中笔者参考了国内外同行的研究成果和相关资料,在此,笔者谨向本书参考文献中列出的作者表示感谢!由于时间仓促,笔者知识水平有限,书中如有不当之处,恳请读者批评指正,在此表示感谢。

赵峰
2023 年 2 月

# 目录

## 第一章 绪论 ········· **001**
 第一节 机器人概述 ········· 001
 第二节 工业机器人的定义与特点 ········· 008
 第三节 工业机器人的应用 ········· 010
 第四节 工业机器人的分类与技术参数 ········· 013

## 第二章 工业机器人机械结构技术 ········· **027**
 第一节 工业机器人的总体结构 ········· 027
 第二节 工业机器人的机座结构 ········· 040
 第三节 工业机器人的手臂结构 ········· 045
 第四节 工业机器人的手腕结构 ········· 053
 第五节 工业机器人的手部结构 ········· 057

## 第三章 工业机器人运动学 ········· **067**
 第一节 物体在空间中的位姿描述 ········· 067
 第二节 齐次坐标与齐次坐标变换 ········· 069
 第三节 运动学方程 ········· 077
 第四节 机器人逆运动学 ········· 080

## 第四章 工业机器人控制系统 ········· **095**
 第一节 工业机器人控制技术概述 ········· 095
 第二节 控制系统与控制方式 ········· 100

　　　　第三节　工业机器人控制系统的硬件设计 …………… 105

第五章　工业机器人传感探测技术 ………………………… 109
　　　　第一节　工业机器人传感器概述 …………………… 109
　　　　第二节　工业机器人的常用传感器 ………………… 113
　　　　第三节　工业机器人的典型传感器系统 …………… 130

第六章　工业机器人编程 …………………………………… 145
　　　　第一节　工业机器人的编程方式 …………………… 145
　　　　第二节　工业机器人的示教编程 …………………… 147
　　　　第三节　工业机器人的离线编程 …………………… 157

第七章　工业机器人工作站及自动生产线 ………………… 159
　　　　第一节　工业机器人工作站 ………………………… 159
　　　　第二节　工业机器人自动生产线 …………………… 181
　　　　第三节　在生产中引入工业机器人工作站系统的
　　　　　　　　方法 …………………………………………… 190

参考文献 ……………………………………………………… 197

# 第一章 绪 论

## 第一节 机器人概述

机器人的诞生是20世纪自动控制领域的重要成就,是20世纪人类科学技术进步的重大成果。现在,全世界已经有100多万台机器人,机器人的销售额及人均拥有数量也逐年递增,机器人技术和机器人相关工业得到了前所未有的发展。机器人技术是现代科学与技术交叉融合的体现,先进机器人的发展代表着国家综合科技实力和水平,因此,目前许多国家都已经把机器人技术列入本国21世纪高科技的发展计划。随着机器人应用领域的不断扩大,机器人已从传统的制造业进入人类的日常工作和生活领域中。另外,随着需求范围的扩大,机器人结构和形态的发展呈现多样化的特点。高端系统具有明显的仿生和智能特征,其性能的不断提高,功能的不断扩展和完善,使得各种机器人系统逐步向具有更高智能及与人类社会融合得更密切的方向发展。

### 一、机器人的概念

机器人是机构学、控制论、电子技术及计算机等现代科学综合应用的产物,是在科研或工业生产中用来代替人工作业的机械装置。虽然现在机器人得到了广泛的应用,但对机器人的定义却没有统一的标准,不同国家、不同领域的学者给出的定义都不尽相同。

国际标准化组织(ISO)对机器人进行了如下定义:机器人是一种自动的、位置可控的、具有编程能力的多功能操作机。这种操作机具有多个轴,能够借助可编程序操作来处理各种材料、零部件、工具和专用装置,以执行各种任务。

我国科学家对机器人的定义为,机器人是一种自动化的机器,其与普遍意义上的机器不同的是这种机器具备一些与人或生物相似的智能能力,如感知能力、规划能力、动作能力和协同能力,是一种具有高度灵活性的自动化机器。

将上述两种机器人的定义概括起来可以认为,机器人是具有以下特点的机电一体化自动装置。

(1)具有高度灵活性的多功能机电装置,可通过改编程序获得灵活性,简单地更改端部工具便可实现多种功能。

(2)具有移动自身、操作对象的机能,能实现人手或脚的某种基本功能。

(3)具有某些类似于人的智能。有一定的感知能力,能识别环境及操作对象。具有理解指令、适应环境、规划作业操作过程的能力。

## 二、早期机器人的起源

虽然直到20世纪中叶,"机器人"才作为专业术语被引用,但是机器人的雏形早在3000年前就已经存在于人类的想象中。早在西周时期(公元前1046—前771年),我国就流传着有关巧匠偃师献给周穆王一个"伶人"(歌舞机器人)的故事。春秋时期后期(公元前770—前467年),被称为木匠祖师爷的鲁班利用竹子和木料制造出一只木鸟,它能在空中飞行"三日不下"。相传东汉时期(公元25—220年),我国科学家发明了测量路程用的"记里鼓车",车上装有木人、鼓和钟,每走1里(1里=500m),木人击鼓1次;每走10里,木人击钟一次,奇妙无比。三国时期(公元220—280年),蜀汉丞相诸葛亮制造出"木牛流马",可以运送军用物资,它可称为最早的陆地军用机器人(图1-1)。

(a)记里鼓车

(b)木牛流马

图1-1 记里鼓车和木牛流马

在国外,也有一些国家较早地进行了机器人的研制。公元前3世纪,古希腊发明家代达罗斯用青铜为克里特岛国王弥诺斯塑造了一个守卫宝岛的青铜卫士塔罗斯。在公元前2世纪的书籍中,描写过一个拥有类似机器人角色的机械化剧院,这些角色能够在宫廷仪式上进行舞蹈和列队表演。公元前2世纪,古希腊人发明了一个机器人,它以水、空气和蒸气压力为动力,能够做动作,会自己开门,可以借助蒸气唱歌。

1662年,日本人竹田近江发明了能进行表演的自动机器玩偶。

到了18世纪,日本人若井源大卫门对该玩偶进行了改进,制造出了端茶玩偶。端茶玩偶双手端着茶盘,当茶杯放到茶盘上后,它就会走向客人将茶送上,客人取茶杯时,它会自动停止走动,待客人喝完茶将茶杯放回茶盘之后,它就会转回原来的地方。

法国人雅克·沃康松于1738年发明了一只机器鸭,它会游泳、喝水、吃东西和排泄,还会嘎嘎叫。瑞士钟表名匠德罗兹父子三人于公元1768—1774年设计制造出三个像真人一样大小的机器人——写字人偶、绘图人偶和弹风琴人偶。它们是由凸轮控制和弹簧驱动的自动机器,至今还作为国宝被保存在瑞士纳切特尔市艺术和历史博物馆内。另外,日本物理学家细川半藏设计的各种自动机械图形,法国人雅卡尔设计的机械式可编程序织造机等。

## 三、近代机器人的发展

1920年,原捷克斯洛伐克小说家、剧作家卡雷尔·恰佩克在他写的科学幻想戏剧《罗素姆的万能机器人》(图1-2)中,塑造了一个具有人的外表、特征和功能的机器人形象。这个机器人只能按照其主人的命令默默地工作,没有知觉和感情,以呆板的方式从事繁重的劳动。该剧本中第一次提出了"机器人"(Robot)这个名词,"Robot"是从古斯拉夫语"Robola"一词演变而来的,意为"苦力""劳役",是一种人造劳动者。此后该词被欧洲各国语言吸收而成为专有名词。

1950年,美国作家艾萨克·阿西莫夫在科幻作品"I, Robot"(图1-3)中首次使用了"Robotis"(机器人学)一词来描述与机器人有关的科学。另外,阿西莫夫在一篇名为《环舞》的短篇小说中提出了"机器人学三定律",即:

(1)机器人不得伤害人类,或目睹人类将遭受危险而袖手旁观;

(2)机器人必须绝对服从于人类,当该命令与第一定律冲突时例外。

(3)机器人必须保护自身不受伤害,除非是为了保护人类或者是人类命令它做出牺牲。

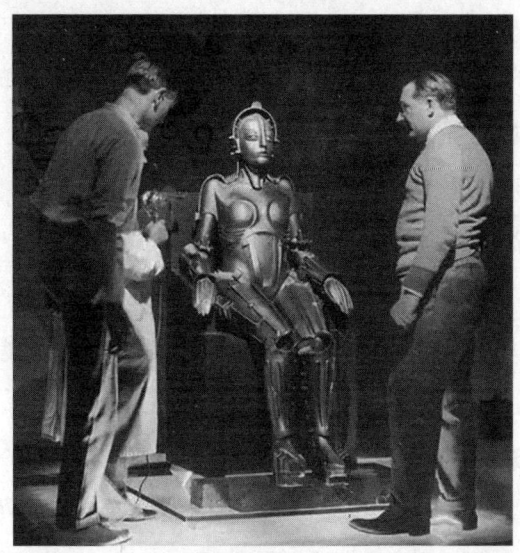

图 1-2 《罗素姆的万能机器人》中 Robot 的剧照

图 1-3 好莱坞电影"I, Robot"

这三条定律给机器人社会赋以新的伦理性,并使机器人概念通俗化,更易于为人类社会所接受。至今,"机器人三定律"仍对机器人研究人员、设计制造厂家和用户有着十分重要的指导意义。阿西莫夫提出的"机器人三定律"被称为"现代机器人学的基石",他本人也被称为"机器人学之父"。

上述提到的机器人都只是在小说和戏剧中存在的机器人形象,这些机器人最大的特点就是都是按照拟人的方式进行设计和模拟的。应用于工业现场的机器人最早出现在1959年,美国发明家德沃尔与英格伯格(图1-4)从与机器人有关的科幻小说中获取灵感,联合发明了世界上第一台工业机器人——尤尼梅特(UNIMATE)(图1-5)。UNIMATE采用液压驱动的机械手臂,手臂的控制由一台计算机完成。由恩格尔伯格负责设计该机器人的"手""脚""身体",即机器人的机械部分和操作部分;由德沃尔设计其"头脑""神经系统""肌肉系统",即机器人的控制装置和驱动装置,如图1-5所示。随后,英格伯格和德沃尔成立了世界上第一家机器人制造工厂——Unimation公司。由于恩格尔伯格对工业机器人的研发和宣传,他被称为"工业机器人之父"。

图1-4　德沃尔与英格伯格

图 1-5　尤尼梅特(UNIMATE)

1962年,美国机械与铸造公司也制造出了工业机器人,称为"沃尔萨特兰",意思是"万能搬动"。尤尼梅特和沃尔萨特兰是世界上最早的、至今仍在使用的工业机器人。1973年,ABB公司生产的IRB-6工业机器人是第一个革命性的系列机器人产品,它由纯电气驱动,由微型计算机进行编程和控制,并配有视觉、触觉传感器,是当时技术较为先进的机器人。同年,日本山梨大学的牧野洋教授研制成功具有平面关节的SCARA机器人。

随着计算机技术、控制技术和人工智能的发展,机器人的研究开发无论就水平还是规模而言都得到了迅速发展。

## 四、现代机器人的应用

进入20世纪80年代后,机器人的生产继续保持20世纪70年代后期的发展势头。到20世纪80年代中期,机器人制造业成为发展最快最好的行业之一。机器人在工业中开始普及应用,工业化国家的机器人产值以年均20%~40%的增长率上升。1984年,全世界使用机器人的总台数是1980年的4倍;到1985年底,使用机器人的总台数已达到14万台;1990年,则达到30万台左右。其中高性能机器人所占比例不断增加,特别是各种装配机器人的产量增长较快,和机器人配套使用的机器视觉技术和装置也得到了迅速发展。

1995年后，世界机器人数量逐年增加，增长率也较高。1998年，丹麦乐高公司推出了机器人套件，让机器人的制造变得像搭积木一样相对简单且能任意拼装，从而使机器人开始走入个人世界。1999年，日本索尼公司推出犬型机器人爱宝（AIBO），当即销售一空，从此娱乐机器人进一步打开了机器人迈进普通家庭的大门。2002年，丹麦iRobot公司推出了吸尘器机器人Roomba，它能避开障碍，自动设计行进路线，还能在电量不足时自动驶向充电座，这是目前世界上销量最大、最商业化的家用机器人。

2000年，本田汽车公司出品的人形机器人阿西莫（ASIMO）走上了舞台，它身高1.3m，能够以接近人类的姿态走路和奔跑。2012年，美国内华达州机动车辆管理局（NDM）颁发了世界上第一张无人驾驶汽车牌照，该牌照被授予一辆丰田普锐斯，这辆车使用谷歌（Google）公司开发的技术进行了改造。谷歌的无人驾驶汽车累计行驶超过30万千米，且未发生任何事故。

近年来，全球机器人行业发展迅速，人性化、重型化、智能化已经成为未来机器人产业的主要发展趋势。现在，全世界服役的工业机器人总数在100万台以上。此外，还有数百万台服务机器人在运行。

# 第二节 工业机器人的定义与特点

## 一、工业机器人的定义

日本机器人协会将机器人分为工业机器人和智能机器人两大类：工业机器人强调作业能力，是一种"能够执行人体上肢（手和臂）类似动作的多功能机器"；智能机器人强调感知和自主能力，是一种"具有感觉和识别能力，并能够控制自身行为的机器"。按我国国家标准给工业机器人进行定义:"工业机器人是一种能够自动定位控制,可重复编程的、多功能的、多自由度的操作机,能搬运材料、零件或操持工具,用于完成各种作业。"

## 二、工业机器人的特点

从机器人的定义可看出,机器人是自动化设备的一种。与传统工业自动化相比,机器人具有以下3个特点:

### (一)可编程

工业机器人能够随其工作环境变化的需要而再编程,因此它在小批量、多品种、具有均衡高效率的柔性制造过程中能发挥很好的功用,是柔性制造系统中的一个重要组成部分。

### (二)灵活性高

工业机器人一般由多个关节组成,运动灵活性很高,工作空间很大,因此布置方便,能满足复杂任务的需求。

### (三)通用性强

除了专门设计的专用工业机器人外,一般工业机器人在执行不同的作业任务时具有较好的通用性,通过更换工业机器人手部末端操作器(如手爪、工具等)便可执行不同的作业任务。

机器人虽是代替人完成各种任务,但与人相比,机器人具有明显的优点。

1. 对环境的适应性强

机器人能在恶劣环境下工作,如核辐射、粉尘等恶劣环境,这些环境对人体有较大伤害。另外,对于洁净度要求很高的场景,如晶体制造领域,机器人能够很好地保持生产车间的洁净度。

2. 负载大

不同型号的工业机器人具有不同的负载,负载能力强的能举起

1吨以上的物体,并且能长时间进行高负载工作。

### 3.精准度高、稳定性好

目前,工业机器人的重复定位精度一般能达到±0.02mm,高精度的能达到±0.005mm,并且稳定性要明显好于人类,能满足高精度操作任务的要求。

### 4.一致性好

工业机器人完成任务的一致性好,产品质量水平的波动较小。

### 5.综合成本较低

工业机器人虽然一次性支出较大,但是后续仅需要支出电费和一定的维护费用,一般能够保证在2年内综合成本低于采用人工的支出费用。

## 第三节 工业机器人的应用

工业机器人的应用领域非常广泛,典型的有码垛、焊接、打磨、检测、分拣等,并且还在不断拓展中。总体来说,机器人的应用领域是与其特点密切相关的。

### 一、码垛

机器人码垛在现代物流行业有着广泛的应用,能为现代生产提供更高的生产效率。其优势如下:

(1)码垛机器人能够大大节省劳动力,节省空间,降低工人的作业强度;

(2)运作灵活精准、快速高效,稳定性高,作业效率高;

(3)工作时间长,能够提高产量、降低成本。

### 二、焊接

相对于传统的人工焊接,使用工业机器人进行焊接(图1-6)具有

以下几个优点:

(1)稳定且焊接质量高,能将焊接质量以数值的形式反映出来;

(2)提高劳动生产效率;

(3)改善工人劳动强度,并可在有害环境下工作;

(4)降低了对工人操作技术的要求;

(5)缩短了产品改型换代的准备周期,减少了相应的设备投资。

图 1-6　机器人焊接

## 三、打磨

通过集成末端力/力矩传感器,机器人可进行打磨作业。采用工业机器人进行打磨具有以下几个优点:

(1)能将高噪声和粉尘与外部隔离,减少环境污染;

(2)操作工人不直接接触危险的加工设备,可避免工伤事故的发生;

(3)能保证产品加工精度的稳定性,提高良品率;

(4)能代替熟练工人,降低人力成本;

(5)能降低管理成本,不会因员工流动而影响交货期;

(6)可再开发,能根据不同的样件进行重新编程,缩短产品改型换代的准备周期,减少相应的设备投资。

## 四、检测

将检测设备安装在工业机器人末端,可充分利用工业机器人的灵活性,完成大范围、多角度的检测;可降低人为因素对检测结果的影响,提高检测的可靠性(图1-7)。

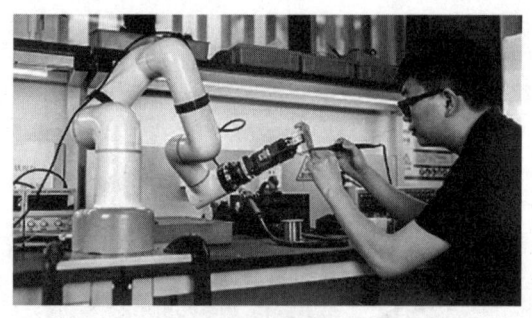

图1-7 机器人检测

## 五、分拣

结合视觉系统,工业机器人可完成自动化分拣。分拣任务一般对作业效率要求很高,如对糖果进行分拣,需要快速地进行装箱。工人的速度没有那么快,难以满足工厂的需要,并且长时间进行重复性的动作容易使工人产生疲劳感。与人相比,工业机器人的运动速度非常快,并且可24小时连续作业,能大幅提高生产效率,同时降低人力成本(图1-8)。

图1-8 快递机器人分拣包裹

## 六、机床上下料

上下料机器人运行平稳、其结构简单且易于维护。机床的控制器与机械人的控制模块独立,互不影响,可实现对圆盘类、长轴类、金属板类、不规则形状等工件的自动上料/下料、工件翻转、工件转序等工作,在汽车、机械制造,军事工业,航空航天和食品、药品生产等行业的应用很广泛。

# 第四节  工业机器人的分类与技术参数

## 一、工业机器人的分类

工业机器人的分类方式有很多种,国际上关于机器人的分类目前也没有统一的标准,有的按照负载重量划分,有的按照控制方式划分,有的按照应用领域划分,有的按照结构划分。本节分别按照机器人的技术等级、运动坐标系及控制方式对常用工业机器人进行分类。

### (一)按照技术等级划分

1. 示教机器人

第一代机器人为简单个体机器人,也称为示教机器人。为了让工业机器人完成某项作业,首先由操作者完成该作业所需要的各种知识(如运动轨迹、作业条件、作业顺序和作业时间等),通过直接或间接手段,对工业机器人进行示教。工业机器人将这些知识记忆下来后,即可根据再现指令,重复再现各种被示教的动作。

示教机器人从20世纪60年代后期开始投入实际使用中,至今在工业界仍被广泛应用。世界上第一代工业实用机器人——尤尼梅特就是示教机器人。这种机器人不具有外部信息反馈能力,无法适应外部环境的变化。

### 2. 感知机器人

第二代机器人为感知机器人，也叫作自适应机器人。感知机器人是在第一代机器人的基础上发展起来的，和第一代机器人相比，它具有不同程度的感知能力。这类机器人配备了环境感知装置，能在一定程度上适应环境变化。1982年，美国通用汽车公司为其生产线上的机器人装配了视觉系统，标志着感知机器人的诞生。

感知机器人的准确操作取决于对其自身状态、操作对象及作业环境的正确认识，这一切完全依赖于传感系统。传感系统相当于人的感觉功能，机器人的传感系统按照功能可以分为内部传感系统和外部传感系统两部分。内部传感系统用于检测机器人的自身状态，如检测机器人机械执行机构的速度、姿态和空间位置等。外部传感系统用于检测操作对象和作业环境，如检测机器人抓取物体的形状、物理性质，以及周围环境中是否存在障碍物等。

### 3. 智能机器人

第三代机器人为智能机器人，它不仅具备感觉能力，还具有独立判断和行动的能力，并具有记忆、推理、决策及规划的能力，因而能够完成更复杂的动作。智能机器人具有识别、推理、规划和学习等智能机制，它可以把感知和行动智能化地结合起来，因此能在非特定的环境下作业。图1-9为日本本田技研工业株式会社研制的仿人机器人ASIMO。

**图 1-9　仿人机器人 ASIMO**

智能机器人具有多种传感器,不仅可以感知自身的状态,如所处的位置、自身的故障等,还能够感知外部环境的状态,如发现路况、测出相对位置和相互作用的力度等。智能机器人能够理解人类语言,可以用人类语言与操作者进行对话,在其自身的"意识"中单独形成了一种使它得以"生存"的外界环境——实际情况的详尽模式。它能分析出现的情况,能调整自己的动作以达到操作者所提出的全部要求,能拟定所希望的动作,并在信息不充分和环境迅速变化的情况下完成这些动作。

### (二)按照运动坐标系划分

为了说明空间某一点的位置、运动速度、运动方向等,需要按规定方法选取一组有次序的数据,这样的一组数据就叫作该点的坐标。坐标系就是从一个被称为原点的固定点通过轴来定义的平面或者空间。

按照运动坐标系划分,工业机器人可分为直角坐标型机器人、圆柱坐标型机器人、球坐标型机器人、关节坐标型机器人和并联机器人等。

**1. 直角坐标型机器人**

直角坐标型机器人(图 1-10)是以 $X$、$Y$、$Z$ 直角坐标系为基本数学模型,以由伺服电动机、步进电动机为驱动的单轴机械臂为基本工作单元,以滚珠丝杠、同步带、齿轮齿条为常用传动方式构建起来的机器人系统,可以遵循可控的运动轨迹到达 $X$、$Y$、$Z$ 坐标系中的任意一点。

直角坐标型机器人由三个互相垂直的直线移动关节组成,三个关节的直线运动确定机器人末端执行器的位置。直角坐标型机器人在 $X$、$Y$、$Z$ 轴上的运动是独立的,因此很容易通过计算机控制实现。它的精度和位置分辨率不随工作场合的改变而变化,因此,容易实现高精度。

但是，直角坐标型机器人的操作范围小，手臂收缩的同时向相反的方向伸出，占地面积大，运动速度慢。

直角坐标型机器人具有行程大、负载能力强、精度高、组合方便、性价比高、易编程、易维护等优点。更换不同的末端操作工具，可以非常方便地用于各种自动化设备，完成如焊接、搬运、上下料、包装、码垛、拆垛、检测、探伤、分类、装配、贴标、喷码、打码、目标跟随、排爆等一系列工作。直角坐标型机器人的应用对象涉及电子、机械、汽车、食品等诸多行业。

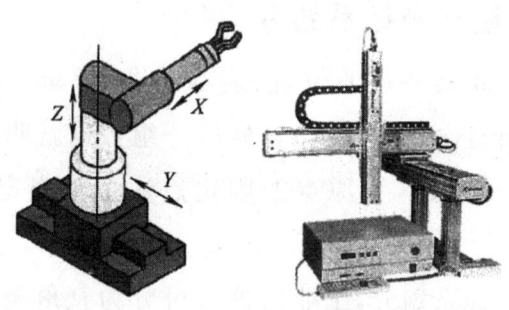

**图 1-10　直角坐标型机器人**

2. 圆柱坐标型机器人

圆柱坐标型机器人（图 1-11）有两个直线移动关节和一个转动关节（PPR），其工作范围呈圆柱形，由 $Z$、$\varphi$ 和 $X$ 三个坐标组成坐标系，其中 $X$ 是手臂的径向位置，$\varphi$ 是手臂的角位置，$Z$ 是垂直方向上手臂的位置。如果机器人手臂的径向坐标 $X$ 保持不变，则机器人手臂的运动将形成一个圆柱表面。

圆柱坐标型机器人可以绕中心轴旋转任意角度，而且通过径向长度的增加，其工作范围可以扩大且计算简单。圆柱坐标型机器人的直线运动部分可采用液压驱动，可输出较大的动力。它的手臂可以到达的空间有限，不能到达近立柱或近地面等空间。另外，圆柱坐标型机器人的垂直驱动部分难以密封、防尘，后臂进行工作时，其后端会碰到工作范围内的其他物体，故它的应用范围较窄，主要应用于专用的搬运作业中。

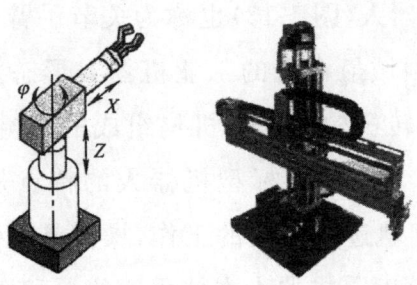

图 1-11　圆柱坐标型机器人

3. 球坐标型机器人

球坐标型机器人（图 1-12）又称为极坐标型机器人。它采用以 $X$、$\theta$、$\varphi$ 为坐标的球坐标系，其中 $\varphi$ 是机器人手臂绕支承底座旋转的转动角，$\theta$ 是机器人手臂在铅垂面内的摆动角。球坐标型机器人的运动轨迹是半球面。

球坐标型机器人手臂的运动由一个直线运动和两个转动组成，即手臂的伸缩运动和绕垂直轴线的转动（回转运动）、绕水平轴线的转动（俯仰运动）。通常把回转及俯仰运动归属于机身。球坐标型机器人用一个滑动关节和两个旋转关节来确定部件的位置，再用一个附加的旋转关节来确定部件的姿态。

球坐标型机器人占地面积小、覆盖工作空间较大、结构紧凑、位置精度尚可，但避障性差、平衡有问题，而且坐标系复杂，难以控制。世界上第一台工业机器人——尤尼梅特就是球坐标型机器人。

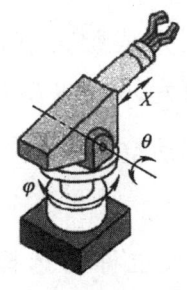

图 1-12　球坐标型机器人

4. 关节坐标型机器人

关节坐标型机器人(图 1-13)也称为关节手臂机器人或关节机械手臂，是当今工业领域最常见的工业机器人形态之一。关节坐标型机器人是由多个旋转机构和摆动机构组成的，这些机构构成了机器人本体的多个关节。关节坐标型机器人的特点是具有很高的自由度，适用于几乎任何轨迹或角度的工作，操作灵活性好，运动速度快，操作范围大，但其精度受机器人本体手臂位置和姿态的影响，很难实现高精度的运动。

图 1-13　关节坐标型机器人

关节坐标型机器人的摆动关节可以是垂直方向摆动，也可以是水平方向摆动，因此，关节坐标型机器人又分为垂直关节坐标型机器人和水平关节坐标型机器人。

垂直关节坐标型机器人的关节都是可以旋转的，类似于人的手臂。这类机器人主要由机身、大臂、小臂和手腕组成，其中，大臂、小臂立柱绕 $Z$ 轴做旋转运动，形成腰关节，立柱和大臂形成肩关节，大臂和小臂形成肘关节，大臂和小臂做俯仰运动。手腕部分同样可以进行旋转，整个机器人的运动空间近似一个球体，因此也称为关节球面型机器人。

水平关节坐标型机器人也称为选择顺应性装配机器手臂机器人，是一种由一个移动关节和两个回转关节组成的、采用圆柱坐标的特殊类型的工业机器人。SCARA 机器人就是典型的水平关节坐标系型机器人，SCARA 机器人有两个回转关节，其中一个关节的轴线相互平行，在平面内进行定位和定向；另一个关节是移动关节，用于完成末端部件在垂直平面内的运动。这类机器人的结构简单、响应快，如 Adeptl 型 SCARA 机器人的运动速度可达 10m/s，比一般关节坐标型机器人快数倍。它最适用于平面定位、垂直方向装配的作业。

SCARA 系统在 $X$、$Y$ 方向上具有顺从性，而在 $Z$ 方向上具有良好的刚度，此特性特别适用于装配工作，故 SCARA 系统首先被大量用于装配印制电路板和电子零部件。SCARA 系统的另一个特点是其串联的两杆结构类似于人的手臂，可以伸进有限的空间中完成作业然后收回，适合搬动和取放物件，如集成电路板等。如今，SCARA 机器人还被广泛应用于塑料工业、汽车工业、电子产品工业、药品工业和食品工业等领域。SCARA 机器人可以被制造成各种大小，最常见的工作半径为 100～1000 mm，此类 SCARA 机器人的净载质量为 1～200kg。

5. 并联机器人

并联机器人（图 1-14）一般通过示教编程或视觉系统捕捉目标，并由三台并联的伺服电动机确定工具中心点的空间位置，以实现目标物体的运输、加工等操作。

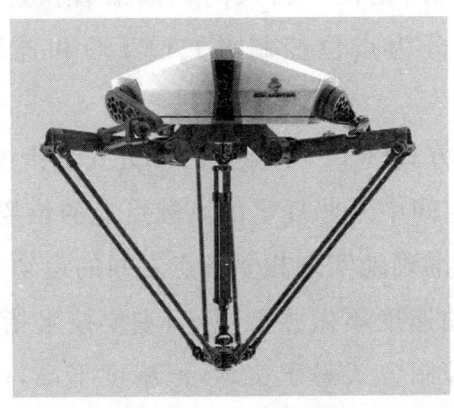

图 1-14　并联机器人

并联机器人机构的上、下平台通过两个或两个以上的分支相连，机构具有两个或两个以上自由度，且以并联方式驱动。从广义机构学的角度出发，多自由度的、且驱动器分配在不同环境下的多环路机构都可称为并联机构，如步行机器人、多指手爪等。并联机器人主要应用于装配、物料的搬运、拾取和包装等方面，是实现高精度拾取释放物料作业的机器人。它具有操作速度快、有效载荷大、占地面积小等特点。

相对目前广泛应用的串联机器人，并联机器人具有刚度大、精度高、自重负荷比小、速度快等显著优点；但也有其不足之处，如对于同样的结构尺寸，并联机器人的工作空间小，存在杆件空间的干涉、奇异位置、结构设计的理论分析复杂等问题。由于并联机构的动力学特性具有高度非线性、强耦合的特点，因此其控制较为复杂。总体来讲，并联机器人与串联机器人形成互补的关系，扩大了整个机器人的应用领域。并联机器人多种多样，常用的搬运并联机器人按自由度可划分为二自由度机器人、三自由度机器人和四自由度机器人。

## （三）按照控制方式划分

### 1. 位置控制方式

位置控制的目的是使机器人的终端沿着预定轨迹运动。机器人的位置控制又分为点位控制方式（PTP）和连续轨迹控制方式（CP）。

（1）点位控制方式（PTP）。点位控制方式是指控制工业机器人末端执行器在作业空间中某些规定的离散点上的位姿。控制时只要求工业机器人快速、准确地实现相邻各点之间的运动，而对达到目标点的运动轨迹和运动速度不做强制规定，主要技术指标是定位精度和运动时间。这种控制方式易于实现，但精度不高，一般用于上下料、搬运等只要求目标点位姿准确的作业中。

(2)连续轨迹控制方式(CP)。连续轨迹控制是连续地控制工业机器人末端执行器在作业空间中的位姿,要求其严格按照预定的轨迹和速度在一定的精度要求内运动,且速度可控、轨迹光滑、运动平稳。这种控制方式的主要技术指标是末端执行器位姿的轨迹跟踪精度及平稳性。通常焊接、喷漆、去飞边和检测机器人采用该控制方式进行作业。

2. 速度控制方式

对机器人的运动控制来说,在进行位置控制的同时,有时还要进行速度控制。例如,在连续轨迹控制方式下,机器人按预定的指令控制运动部件的速度和实现加速、减速,以满足运动平稳、定位准确的要求。为了实现这一要求,机器人的行程要遵循一定的速度变化规律,由于机器人是一种工作情况多变、惯性负载大的运动机械,要处理好快速与平稳之间的矛盾,必须控制起动时的加速和停止前的减速这两个过渡运动区段。

3. 力(力矩)控制方式

力(力矩)控制方式用于在完成装配等工作时,除要求定位准确,还要求有适度力(力矩)的情况。这种控制方式的控制原理类似于伺服控制原理,只是输入量和反馈量不是位置信号,而是力(力矩)信号。力(力矩)控制系统中一般都含有力(力矩)传感器,有时也利用接近、滑动等传感器的功能进行自适应控制。力(力矩)控制方式主要应用于装配或抓取物体作业。

4. 智能控制方式

智能控制是通过传感器获得周围环境的知识,并根据自身内部的知识库做出相应决策的控制方式,具有较强的环境适应性和自学能力。智能控制技术涉及人工神经网络、基因算法、遗传算法、专家系统等人工智能。

## 二、工业机器人的主要技术参数

工业机器人的技术参数是指各工业机器人制造商在生产和供货时所提供的技术参数,是工业机器人性能和特征的主要体现。通常描述工业机器人特征的技术参数有很多,主要技术参数包括自由度、工作空间、工作速度、工作载荷,以及定位精度、重复定位精度和分辨率等。

### (一)自由度

机器人的自由度是机器人本体(不包含末端执行器)相对机器人坐标进行独立运动的数目,反映了机器人动作的灵活性,通常用机器人轴的直线移动、摆动或回转动作的数目来表示。机器人的每一个自由度都相应有一个原动件(如伺服电动机、液压缸、气缸、步进电动机等驱动装置)与之相配,当原动件按一定的规律运动时,机器人各运动部件就随之做确定的运动。自由度和原动件的个数必须相等,只有这样,机器人才能做出确定的动作。目前,工业机器人机械臂上的每一个关节都是一个单独的伺服机构,即每根轴对应一台伺服电动机,这些电动机通过总线控制,由控制器统一控制并协调工作。

机器人轴的数量决定了其自由度。自由度越多就越接近人手的动作机能,通用性就越好,但是自由度越多,结构越复杂,对机器人的整体要求也就越高。在目前的工业应用中,用得最多的是三轴、四轴、五轴双臂和六轴工业机器人,轴数的选择通常取决于具体应用。如果只是进行一些简单的动作,如在传送带之间拾取和放置零件,那么四轴机器人就足够了。如果机器人需要在一个狭小空间内工作,而且机械臂需要扭曲反转,则六轴或者七轴机器人是最好的选择。

不同类型的机器人具有不同数目的坐标系,不同坐标形式的机器人具有不同的自由度。

#### 1. 直角坐标型机器人的自由度

直角坐标型机器人有三个自由度。直角坐标型机器人臂部的三个关节都是移动关节,各关节的轴线相互垂直,使臂部可沿 $X$、$Y$、$Z$ 轴三个自由度方向移动。直角坐标型机器人的主要特点是结构刚度大,关节运动相互独立、操作灵活性差。

#### 2. 圆柱坐标型机器人的自由度

圆柱坐标型机器人有三个自由度,包括臂部沿自身轴线的伸缩移动、绕机身垂直轴线的回转运动,以及沿机身轴线的上下移动。

#### 3. 球(极)坐标型机器人的自由度

球(极)坐标型机器人有三个自由度,包括臂部沿自身轴线的伸缩移动、绕机身轴线的回转运动,以及在垂直平面内的上下摆动。

#### 4. 关节坐标型机器人的自由度

关节坐标型机器人的自由度与其轴数和关节形式有关,现以常见的水平关节坐标型机器人和垂直关节坐标型六轴机器人为例进行说明。

水平关节坐标型机器人有四个自由度,其大臂与机身之间的关节及大臂、小臂之间的关节都为回转关节,有两个自由度;小臂与腕部之间的关节为移动关节,具有一个自由度;腕部和末端执行器之间的关节为回转关节,具有一个自由度,这个回转关节实现末端执行器绕垂直轴线的回转。

垂直关节坐标型六轴机器人有六个自由度。目前在工业领域中以六轴机器人的应用最为广泛。具有六个关节的工业机器人构造与人类的手臂极为相似,它有相当于肩膀、肘部和腕部的部位。PUMA 六轴机器人的关节和自由度的示意图如图 1-15 所示。

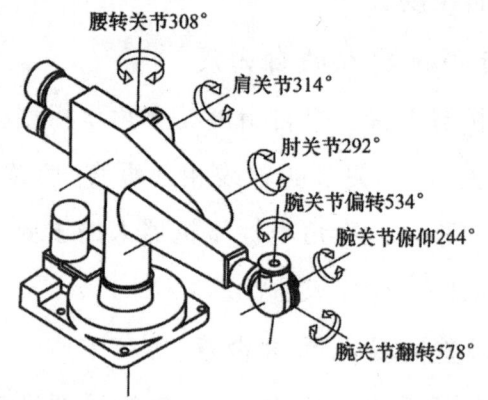

图 1-15  PUMA 六轴机器人的关节和自由度示意图

## (二)工作空间

工作空间是指机器人手臂或手部安装点能到达的所有空间区域,不包括手部本身能到达的区域。机器人具有的自由度数及其组合不同,则工作空间也不同。操作工业机器人时常用到自由度的变化量(即直线运动的距离和回转角度的大小),它们决定了工作空间的大小。

## (三)工作速度

工作速度是指机器人在工作载荷条件下和匀速运动过程中,机械接口中心或工具中心点在单位时间内移动的距离或转过的角度,这里通常所说的运动速度是指机器人在运动过程中的最大运动速度。

机器人的工作速度反映了其作业水平,它与机器人的驱动方式、定位方式、抓取物体的质量和行程距离等有关。作业机器人手部的运动速度应根据生产节拍、生产过程的平稳性和定位精度等要求来决定,同时直接影响机器人的运动周期。

为了提高机器人的最大工作速度,需缩短整个运动循环的时间。运动循环包括加速起动、等速运动和减速制动的整个过程。过大的加速度或减速度会导致惯性力加大,影响动作的平稳性和精度。为了保证定位精度,加速、减速过程往往会占用较长时间。目前,工业机器人的最大直线速度为1000mm/s,最大回转速度为1200/s。

### (四)工作载荷

工作载荷是指机器人在规定的性能范围内,机械接口处(包括手部)能承受的最大载荷。载荷大小主要考虑机器人各运动轴上所受的力和力矩,包括手部的重量和抓取工件的重量,以及由运动速度变化产生的惯性力和惯性力矩。工作载荷不仅取决于负载的重量,还与机器人的运行速度及加速度的大小和方向有关,同时也要考虑机器人末端执行器的重量。一般来说,低速运行时承载能力大,所以出于安全考虑,规定将高速运行时机器人能抓取工件的重量作为承载能力的指标。机器人有效负载的大小除了受驱动器功率的限制外,还受到杆件材料极限强度的限制,因而其承载能力又与环境条件、运动参数(运动速度、加速度及它们的方向)等有关。

工业机器人承载能力范围较大,世界上工作载荷最大的机器人为发那科的M-2000iA/2300机器人,工作载荷为2.3t,超过以前版本机器人1.7t的负载极限。

### (五)定位精度、重复定位精度和分辨率

工业机器人的精度是一个位置相对于其参照系的绝对度量。工业机器人的精度包括定位精度和重复定位精度。

定位精度是机器人末端参考点实际到达的位置与所需要到达的理想位置之间的差距。而重复定位精度是在相同的运动位置指令下,机器人末端执行器连续若干次运动轨迹重复到达某一目标位置的误差的度量。当机器人重复执行某位置的指令时,它每次走过的距离并不相同,而是在平均值附近变化,该平均值代表定位精度,而变化的幅度代表重复定位精度。

分辨率是指机器人每根轴能够实现的最小移动距离或最小回转角度。精度和分辨率不一定相关。一台设备的定位精度是指令设定

的运动位置与该设备执行该指令后能够达到的运动位置之间的差距,分辨率则反映实际需要的运动位置和指令能够设定的位置之间的差距。

工业机器人的定位精度、重复定位精度和分辨率是根据其使用要求确定的。机器人本身能达到的精度取决于机器人结构的刚度、运动速度的控制和驱动方式、定位和缓冲等因素。由于定位精度一般难以测定,通常工业机器人只给出重复定位精度。当机器人从事不同的任务时,其重复定位精度的要求也各不相同,见表1-1。

表1-1 不同任务要求的重复定位精度　　　　　　　单位:mm

| 任务 | 机床上下料 | 压力机上下料 | 点焊 | 喷涂 | 装配 | 测量 | 弧焊 |
|---|---|---|---|---|---|---|---|
| 重复定位精度 | ±(0.05~1) | ±1 | ±1 | ±3 | ±(0.01~0.5) | ±(0.01~0.5) | ±(0.2~0.5) |

# 第二章 工业机器人机械结构技术

## 第一节 工业机器人的总体结构

工业机器人的机械部分包括工业机器人的本体执行机构、驱动系统、传动系统。

### 一、工业机器人的本体执行结构

工业机器人的本体执行结构是其完成作业的实体,它具有和人的手臂相似的动作功能。由于应用场合不同,工业机器人的本体执行结构也多种多样。其执行结构通常由以下几部分组成。

(1)手部

手部又称抓取机构或夹持器,用于直接抓取工件或工具。此外,在手部安装的某些专用工具,如焊枪、喷枪、电钻、螺钉、螺母旋紧器等,可作为专用的特殊手部。

(2)腕部

腕部(手腕)是连接手部和臂部的部件,用以调整手部的姿态和方位。

(3)臂部

臂部(手臂)是支承腕部和手部的部件,由动力关节和连杆组成,用以承受工件或工具的负荷,改变工件或工具的空间位置,并将它们送至预定的位置。六轴机器人的臂部一般是由大臂(也称下臂,包括大臂支承架及大臂关节传动装置)和小臂(也称上臂,包括小臂支承架及小臂关节传动装置)组成的。

(4)腰部

腰部是工业机器人的第一个回转关节,工业机器人的运动部分全部安装在腰部上,它承受了工业机器人的全部重量。

(5)基座

基座是整个工业机器人的基础部件,起着支承和连接的作用。

工业机器人本体执行结构的组成如图2-1所示。

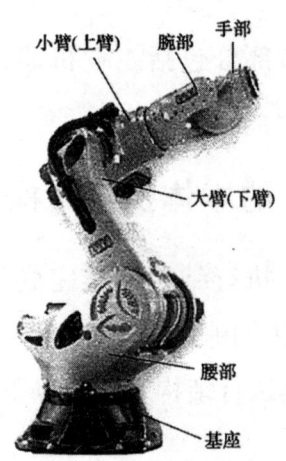

图2-1　工业机器人本体执行结构的组成

## 二、工业机器人本体驱动系统

要使工业机器人运行起来,需要给各个关节安装动力装置,驱动系统的作用就是为工业机器人各部位、各关节动作提供原动力。在工业机器人系统中,对驱动系统有以下要求:质量尽可能小,单位质量的输出功率高,效率高,反应速度快,即要求力矩质量比和力矩转动惯量比大,能够频繁地起动、制动,或者频繁地正转、反转。另外,工业机器人的驱动系统还应具有位移偏差和速度偏差小、安全可靠、操作和维护方便、对环境无污染、经济合理等特点。

一般来说,工业机器人常用的驱动方式有电动驱动、液压驱动和气动驱动 3 种基本类型。

## (一)电动驱动方式

电动驱动是利用各种类型的电动机产生的原动力或力矩,直接或间接驱动工业机器人的关节运动,以实现所要求的位置、速度或者加速度的驱动方式。电动驱动方式包括电流控制、位置控制和转速控制等。电动驱动具有无环境污染、易于控制、运动速度和位置精度高、成本低、驱动效率高等优点。电动驱动是应用最广泛的工业机器人驱动方式。电动驱动主要分为直流伺服电动机驱动、交流伺服电动机驱动和步进电动机驱动 3 种类型。

### 1.直流伺服电动机驱动

直流伺服电动机是用直流电供电的伺服电动机,其功能是将输入的受控电压/电流能量转换为电枢轴上的角位移或角速度输出。其结构由定子、转子(电枢)、换向器和机壳等组成,如图 2-2 所示。定子用来产生磁场,转子由铁心和线圈组成,当转子在定子内旋转时,转子产生电磁转矩。换向器由整流子和电刷组成,用于改变电枢线圈中电流的方向,保证电枢在磁场作用下连续旋转。

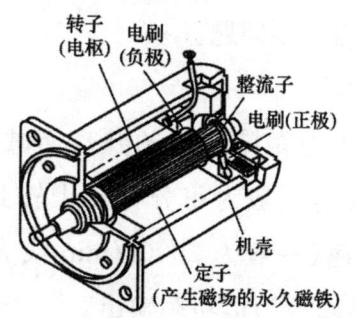

图 2-2　直流伺服电动机的结构

直流伺服电动机能在较宽的速度范围内运行,可控性好。它具有线性调节特性,能使转速正比于控制电压的大小,转向则取决于控制电压的极性(或相位)。直流伺服电动机的转子惯性很小,当控制电压为零时,电动机能立即停转,响应迅速。直流伺服电动机广泛应用于宽调速系统和精确位置控制系统中,其输出功率为 1~600W,电压有 6V、9V、12V、24V、27V、48V。

直流伺服电动机有很多优点,但它的电刷易磨损,并且易产生火花。随着技术的进步,近年来交流伺服电动机已逐渐取代直流伺服电动机而成为工业机器人的主要驱动器。

2. 交流伺服电动机驱动

交流伺服电动机内部的转子是永磁铁,驱动器控制的 U/V/W 三相电形成电磁场,转子在此磁场的作用下转动,同时电动机自带的编码器将信号反馈给驱动器,驱动器对反馈值与目标值进行比较,调整转子转动的角度。

交流伺服电动机具有以下特点:

(1) 控制精度高

步进电动机的步距角一般为 $1.8°$(两相)或 $0.72°$(五相),而交流伺服电动机的精度取决于电动机编码器的精度。如果伺服电动机的编码器为 16 位,则驱动器每接收 $2^{16}=65536$ 个脉冲,电动机转一圈,其脉冲当量为 $360°/65536=0.0055°$,实现了位置的闭环控制,从根本上克服了步进电动机的失步问题。

(2) 矩频特性好

步进电动机的输出力矩随转速的升高而减小,且在较高转速时会急剧减小,其工作转速一般为每分钟几十转到几百转。而交流伺服电动机在其额定转速(一般为 2000r/min 或 3000r/min)以下为恒转矩输出,在额定转速以上为恒功率输出。

(3) 具有过载能力

交流伺服电动机能承受 3 倍于额定转矩的负载,特别适用于有瞬间负载波动和要求快速起动的场合。

3. 步进电动机驱动

步进电动机是一种感应电动机,当步进电动机接收到一个脉冲信号时,它就按设定的方向转动一个固定的角度,称为步距角。步进电动机通过控制脉冲个数来控制角位移量,从而达到准确定位的目的;同时可以通过控制脉冲频率来控制电动机转动的速度和加速度,从而达到调速的目的。

步进电动机驱动器接收运动控制器送来的脉冲及方向信号,环形分配器按不同工作方式中节拍的要求将其转换为四个逻辑电压控制信号,控制功率放大电路中功率管的导通与截止,从而使各相绕组按设定的工作节拍通电或断电,并将电源功率转换为电动机绕组电流和电压,使电动机驱动负载运动。

## (二)液压驱动方式

液压驱动是将液压油作为工作介质,通过改变压强来增大作用力,用电动机带动液压泵输出液压油,进而将电动机提供的机械能转换成油液的压力能,液压油经过调节装置后进入液压缸,推动活塞杆做直线或旋转运动,从而实现机械手臂的伸缩、升降。目前,液压驱动方式在负荷较大的搬运和喷涂工业机器人中应用较多。

液压驱动系统主要由以下几部分组成:

1. 液压泵

液压泵为液压系统、驱动系统提供液压油,将电动机输出的机械能转换为油液的压力能,并向整个液压系统提供动力。液压泵按结构形式不同一般分为齿轮泵、叶片泵、柱塞泵和螺杆泵。

2. 液压缸

液压缸是液压油驱动运动部分对外工作的部分。在液压油的作用下,可做直线往复运动的液压缸称为直线液压缸;可产生一定角度的摆动的液压缸称为摆动液压缸。

### 3. 控制调节装置

控制调节装置即各种液压阀,它们在液压系统中控制和调节油液的压力、流量和方向。

### 4. 辅助装置

辅助装置包括油箱、滤油器、冷却器、加热器、蓄能器、油管及管接头、密封圈、快换接头、高压球阀、胶管总成、测压接头、压力表、油位计、油温计等。

### 5. 液压油

液压油是液压系统中传递能量的工作介质,包括各种矿物油、乳化液和合成型液压油等。

## (三)气动驱动方式

气动驱动是以压缩空气为动力源来驱动和控制各种机械设备以实现生产过程机械化和自动化的一种技术,目前在工业中应用十分广泛。气动驱动方式具有气源制备方便、结构简单、动作快速灵活、不污染环境,以及维护方便、价格便宜、适合在恶劣工况(如高温、有毒、多粉尘等)下工作等特点,常用于压力机上下料、小零件装配、食品包装及电子元件输送等作业。在工业机器人上主要用于各种气动手爪及小型工业机器人的驱动。

根据气动元件和装置的功能不同,可将气动传动系统分成以下4个组成部分,如图2-3所示。

### 1. 气源装置

气源装置将原动机提供的机械能转变为气体的压力能,为系统提供压缩空气。它主要由空气压缩机构成,还配有储气罐、气源净化装置等附属设备。

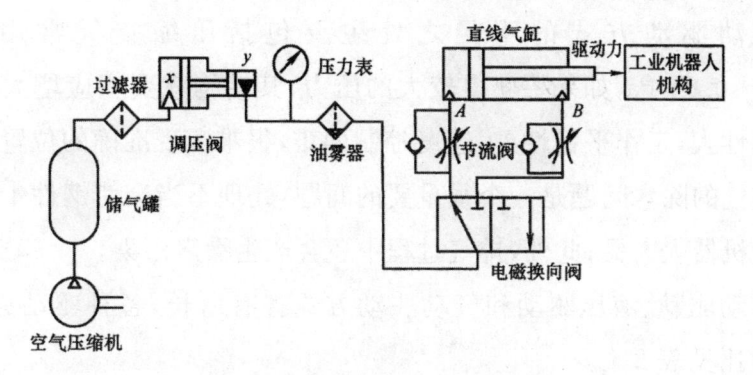

图 2-3 气动传动系统的结构

**2. 执行元件**

执行元件起能量转换作用,它把压缩空气的压力能转换成工作装置的机械能。执行元件的主要形式有直线气缸(输出直线往复式机械能)、摆动气缸(输出回转摆动式机械能)和气动马达(输出旋转式机械能)。对于以真空压力为动力源的系统,一般采用真空吸盘来完成各种吸吊作业。

**3. 控制元件**

控制元件用来调节和控制压缩空气的压力、流量和流动方向,使系统执行机构按功能要求的程序和性能工作。根据要完成功能的不同,控制元件分为很多种,气动传动系统中一般包括压力、流量、方向和逻辑四大类控制元件。

**4. 辅助元件**

辅助元件是用于润滑、排气、降噪,实现元件间的连接,以及信号转换、显示、放大、检测等所需的各种气动元件,如油雾器、消声器、管件及管接头、转换器、显示器、传感器等。

与液压传动系统相比,气动传动系统中压缩空气的黏度小,容易达到高速(1m/s);适合工厂集中的空气压缩机站供气,不必添加动力设备;空气介质对环境无污染,使用安全,可直接应用于高温作业;气动元件的工作压力低,故其制造要求比液压元件低。

气动驱动方式的不足之处主要包括压缩空气常用压力为 0.4~0.6MPa,如果要获得较大的压力,其结构就要相应增大;空气的压缩性大,工作平稳性差,速度控制困难,很难实现准确的位置控制;压缩空气的除水问题是一个很重要的问题,处理不当会使钢件生锈,导致工业机器人失灵;此外,排气过程中还会产生噪声污染。

电动驱动、液压驱动和气动驱动方式各有所长,各种驱动方式特点的对比见表 2-1。

表 2-1　三种驱动方式特点的对比

| 内容 | 驱动方式 | | |
| --- | --- | --- | --- |
| | 液压驱动 | 气动驱动 | 电动驱动 |
| 输出功率 | 很大,压力范围为 50~140N/cm² | 大,压力范围为 48~60N/cm² | 较大 |
| 控制性能 | 利用液体的不可压缩性,控制精度较高,输出功率大,可无级调速,反应灵敏,可实现连续轨迹控制 | 气体的压缩性大,精度低,阻尼效果差,低速时不易控制,难以实现高速、高精度的连续轨迹控制 | 控制精度高,功率较大,能精确定位,反应灵敏,可实现高速、高精度的连续轨迹控制,伺服特性好,控制系统复杂 |
| 响应速度 | 很高 | 很高 | 很高 |
| 结构性能及体积 | 结构适当,执行机构可标准化、模拟化,易实现直接驱动;功率质量比大,体积小,结构紧凑,密封问题较大 | 结构适当,执行机构可标准化、模拟化,易实现直接驱动;功率质量比大,体积小,结构紧凑,密封问题较小 | 伺服电动机易于标准化,结构性能好,噪声低,电动机一般需配置减速装置,除 DD 电动机外难以直接驱动;结构紧凑,无密封问题 |
| 安全性 | 防爆性能较好,用液压油作为驱动介质,在一定条件下有火灾危险 | 防爆性能好,高于 1000kPa 时应注意设备的抗压性 | 设备自身无爆炸和火灾危险,直流有刷电动机换向时有火花,对环境的防爆性能较差 |

续表

| 内容 | 驱动方式 | | |
|---|---|---|---|
| | 液压驱动 | 气动驱动 | 电动驱动 |
| 对环境的影响 | 液压系统易漏油,对环境有污染 | 排气时有噪声 | 无 |
| 在工业机械手中的应用 | 适用于重载、低速驱动,电液伺服系统适用于喷涂、点焊和托运工业机器人 | 适用于中小负载驱动、精度要求较低的有限点位程序控制工业机器人,如冲压工业机器人本体的气动平衡装置及装配工业机器人气动夹具 | 适用于中小负载、要求具有较高位置控制精度和轨迹控制精度、速度较高的工业机器人,如AC伺服喷涂工业机器人、弧焊工业机器人、装配工业机器人等 |
| 成本 | 液压元件成本较高 | 成本低 | 成本高 |
| 维修及使用 | 方便,但油液对环境温度有一定要求 | 方便 | 较复杂 |

## 三、工业机器人本体传动系统

传动系统是构成工业机器人的重要系统,用来传递能量和运动,是一种力、速度变换器。工业机器人加、减速特性的好坏、运动是否平稳及承载能力的大小,在很大程度上取决于传动系统的合理性和质量优劣。在工业机器人中,传动装置是连接动力源和执行机构的中间装置,是保证工业机器人精确到达目标位置的核心部件。驱动器的输出轴一般是做等速回转运动,而工作单元要求的运动形式则是多种多样的,如直线运动、旋转运动等,驱动器的动能靠传动系统实现运动形式的改变。

传动系统的作用主要如下:

(1)减速的同时提高了输出转矩,但要注意不能超出减速机额定转矩。

(2)减速的同时降低了负载的惯量。

对工业机器人传动系统的基本要求如下：

(1)结构紧凑。即同比体积最小、质量最小。

(2)传动刚度大。即承受转矩时角度变形要小，以提高整机的固有频率，减少整机的低频振动。

(3)回差小。即由正转到反转时空行程要小，以得到较高的位置控制精度。

(4)寿命长，价格低。

在工业机器人中，常采用齿轮传动、谐波传动、RV减速传动、蜗杆传动、链传动、同步带传动、钢丝传动、连杆及曲柄滑块传动、滚珠丝杠传动、齿轮齿条传动等。常用传动方式的对比见表2-2。

表2-2 工业机器人常用传动方式的对比

| 序号 | 传动方式 | 特点 | 运动形式 | 传动距离 | 应用场合 |
|---|---|---|---|---|---|
| 1 | 齿轮传动 | 结构紧凑，效率高，寿命长，响应快，转矩大，瞬时传动比恒定，功率和速度适应范围广，可实现旋转方向的改变和复合传动 | 转动—转动 | 小 | 腰、腕关节 |
| 2 | 谐波传动 | 速比大，响应快，体积小，质量小，回差小，转矩大 | 转动—转动 | 小 | 所有关节 |
| 3 | RV减速器传动 | 速比大，响应快，体积小，刚度好，回差小，转矩大 | 转动—转动 | 小 | 腰、肩、肘关节，多用于腰关节 |
| 4 | 蜗杆传动 | 速比大，响应慢，体积小，刚度好，回差小，转矩大，效率低，发热大 | 转动—转动 | 小 | 腰关节、手爪机构 |
| 5 | 链传动 | 速比小，转矩大，质量大，刚度与张紧装置有关 | 转动—转动 移动—转动 转动—移动 | 大 | 腕关节(驱动装置后置) |

续表

| 序号 | 传动方式 | 特点 | 运动形式 | 传动距离 | 应用场合 |
|---|---|---|---|---|---|
| 6 | 同步带传动 | 速比小,转矩小,刚度差,传动较均匀,平稳,能保证恒定传动比 | 转动—转动<br>移动—转动<br>转动—移动 | 大 | 所有关节的一级传动 |
| 7 | 钢丝传动 | 速比小,远距离传动较好 | 转动—转动<br>移动—转动<br>转动—移动 | 大 | 腕关节、手爪 |
| 8 | 连杆及曲柄滑块传动 | 结构简单,易制造,耐冲击,能传递较大的载荷,可远距离传动;转矩一般,速比不均匀 | 移动—转动<br>转动—移动 | 大 | 腕关节、臂关节(驱动装置后置) |
| 9 | 滚珠丝杠传动 | 传动平稳,能自锁,增力效果好,效率高,传动精度和定位精度均很高 | 转动—移动 | 大 | 腰、腕移动关节 |
| 10 | 齿轮齿条传动 | 效率高,精度高,刚度好,价格低 | 移动—转动<br>转动—移动 | 大 | 直动关节、手爪机构 |

其中,工业机器人腰关节最常用谐波传动、齿轮/蜗杆传动;臂关节最常用谐波传动、RV 减速器传动和滚珠丝杠传动;腕关节最常用齿轮传动、谐波传动、同步带传动和钢丝传动。下面对部分常用传动方式进行简单介绍,以便学习者更多地了解工业机器人的传动系统。

## (一)齿轮传动

齿轮传动是利用两齿轮的轮齿相互啮合传递动力和运动的机械传动,按齿轮轴线的相对位置分为平行轴圆柱齿轮传动、相交轴锥齿轮传动和交错轴螺旋齿轮传动,具有结构紧凑、效率高、寿命长等特点。

## (二)同步带传动

同步带上有许多型齿,可与具有同样型齿的同步带相啮合,如图 2-4 所示。工作时,它们相当于柔软的齿轮,具有柔性好、价格便宜两大优点,另外,同步带还用于输入轴和输出轴旋转方向不一致的情况。只要同步带足够长,使带的扭角误差不太大,同步带就能够正常工作。在伺服系统中,如果采用码盘测量输出轴的位置,则输入传动的同步带可以放在伺服环外面,这对系统的定位精度和重复定位精度不会产生影响,重复定位精度可以达到1mm以内。此外,同步带比齿轮链的价格低得多,加工也容易得多。有时,齿轮链和同步带结合起来使用更为方便。

图 2-4 同步带

### (三)谐波传动

谐波减速器是利用行星齿轮传动原理发展起来的一种新型减速器,它是一种依靠柔性零件产生的弹性机械波来传递动力和运动的行星齿轮传动。

谐波减速器由3个基本构件组成,如图2-5所示。

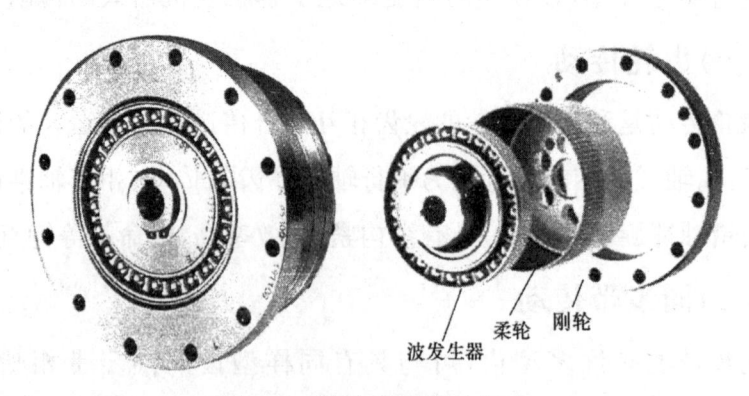

图 2-5 谐波减速器的组成

(1)带有内齿圈的刚性齿轮(刚轮),它相当于行星系中的太阳轮。

(2)带有外齿圈的柔性齿轮(柔轮),它相当于行星轮。

(3)波发生器,它相当于行星架。

柔轮的外齿数少于刚轮的内齿数,在波发生器转动时,长轴方向柔轮的外齿正好完全啮入刚轮的内齿。常用的是双波传动和三波传动两种类型。双波传动的柔轮应力较小,结构比较简单,易于获得大的传动比,故目前应用较广。

谐波减速器通常采用波发生器主动、刚轮固定、柔轮输出的形式。波发生器是一个杆状部件,其两端装有滚动轴承构成的滚轮,与柔轮的内壁相互压紧。柔轮为可产生较大弹性变形的薄壁齿轮,其内孔直径略小于波发生器的总长。波发生器可使柔轮产生可控的弹性变形。将波发生器装入柔轮后,迫使柔轮的剖面由原来的圆形变成椭圆形,其长轴两端附近的齿与刚轮的齿完全啮合,而短轴两端附近的齿则与刚轮的齿完全脱开,周长上其他区段的齿则处于啮合和脱离的过渡状态。当波发生器沿着一定方向连续转动时,柔轮的变形不断改变,柔轮与刚轮的啮合状态也不断改变,依啮入→啮合→啮出→脱开→啮入……的顺序,周而复始地进行,从而实现柔轮相对刚轮沿与波发生器旋转方向相反的方向缓慢旋转。

谐波传动广泛应用于小型六轴搬运及装配工业机器人中,由于柔轮承受较大的交变载荷,因此对其材料的抗疲劳强度、加工和热处理要求较高,工艺复杂。

### (四)RV 减速器传动

RV 减速器(行星摆线针轮减速器)由一个行星齿轮减速器的前级和一个摆线针轮减速器的后级组成。RV 减速器的全部传动装置可以分为 3 个部分:输入部分、减速部分、输出部分。RV 减速器在输入轴上装有一个错位 180°的双偏心套,在偏心套上装有两个滚柱轴承,形成 H 机构,两个摆线轮的中心孔即为偏心套上转臂轴承的滚道，并由摆线轮与针齿轮上一组呈环形排列的轮齿相啮合，以组成少齿差内啮合减速机构，如图 2-6 所示。

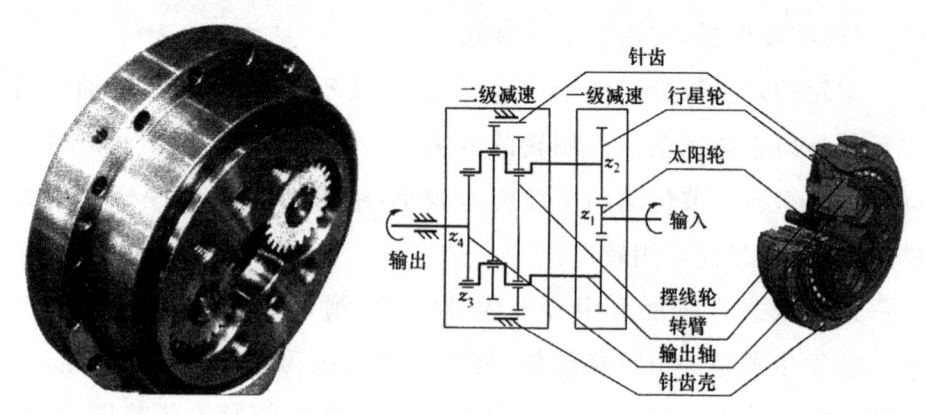

**图 2-6　RV 减速器的组成**

与谐波传动相比，RV 减速器传动最显著的特点是刚性好，其传动刚度是谐波传动的 2～6 倍。RV 减速器具有结构紧凑、传动比大及在一定条件下具有自锁功能的特点，是最常用的减速器之一，而且振动小、噪声低、能耗低，在频繁加减速运动过程中可以提高响应速度并降低能量消耗。RV 减速器还具有长期使用不需再加润滑剂、寿命长、减速比大、振动少、精度高、保养便利等优点，适合在工业机器人身上使用。

## 第二节　工业机器人的机座结构

对于任何一种机器人来说，机座就是其基础部分，起到稳定支撑的作用，帮助机器人安全、可靠、平稳、持久地工作。机座可以分为固定式和移动式两种。一般工业机器人中的立柱式、机座式和屈伸式机器人其机座大多是固定式的；但随着海洋科学、原子能工业及宇宙空间事业的发展，智能的、可移动式的机器人将会是今后机器人技术的发展方向，所以移动式机座也有了"用武之地"。

## 一、固定式机座

在采用固定式机座的机器人中,其机座既可以直接连接在地面基础上,也可以固定在机器人的机身上。美国 Unimation 公司生产的 PUMA-262 型垂直关节机器人就是一种采用固定式机座的机器人(图 2-7),其机座装配图如图 2-8 所示,主要包括立柱回转(第一关节)的二级齿轮减速传动,减速箱体即为机座的主体部分(基座)。传动路线为电动机 7 输出轴上装有电磁制动闸 11,然后连接轴齿轮 13,轴齿轮与双联齿轮 15 啮合,双联齿轮的另一端与大齿轮 2 啮合,电动机转动时,通过二级齿轮使主轴 4 回转。在该机器人中,基座 1 是一个整体铝铸件,电动机通过连接板 8 与基座固定,轴齿轮通过轴承和固定套 12 与基础相连,双联齿轮安装在中间轴 14 上,中间轴通过二个轴承安装在基座上。主轴是个空心轴,通过二个轴承,立柱 5 和压环 3 与基础固定。立柱是一个薄壁铝管,主轴上方安装大臂部件。基座上还装有小臂零位定位用的支架 6、两个控制手爪动作的空气阀门 10 和气管接头 9 等。

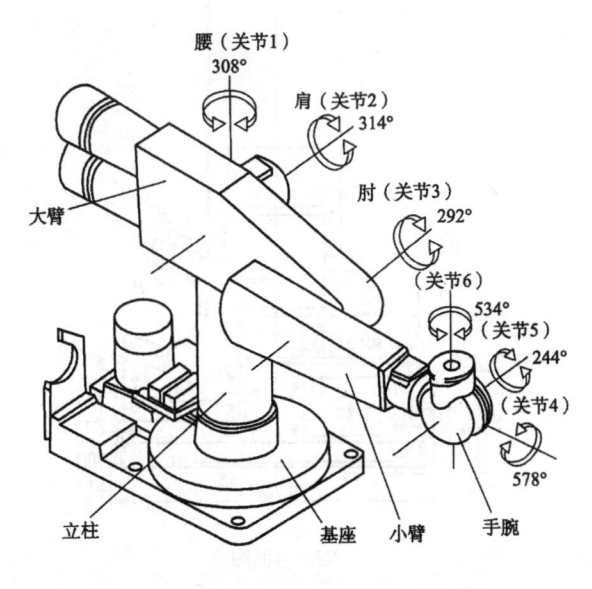

图 2-7 PUMA-262 型固定式机座

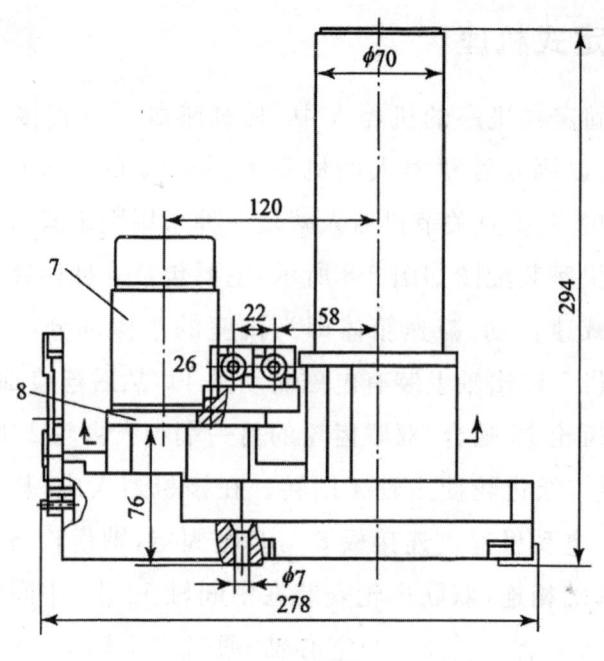

(a)正视图

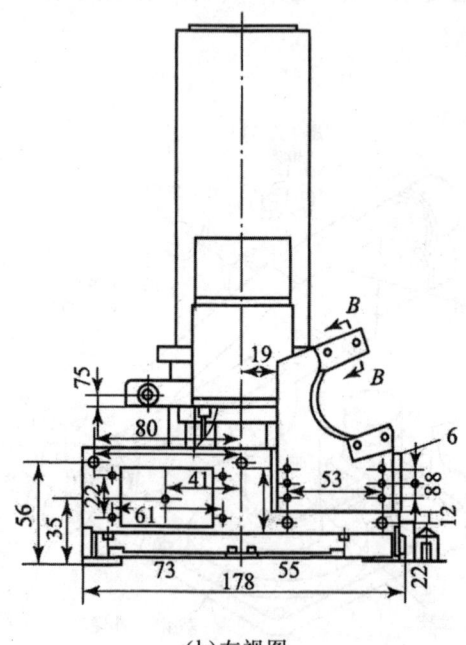

(b)左视图

(c) 俯视图

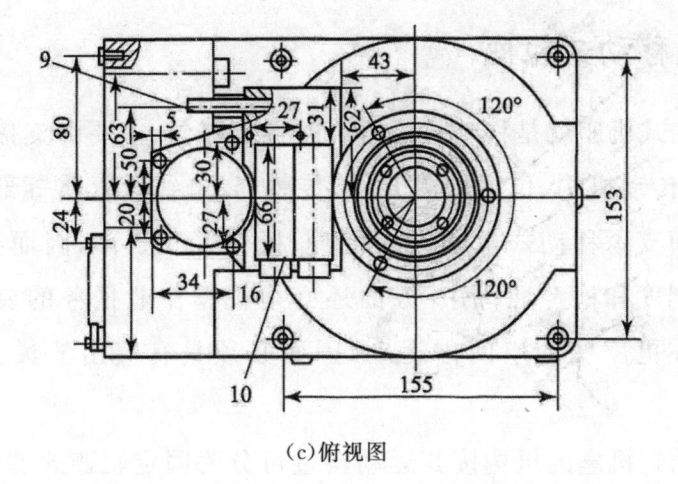

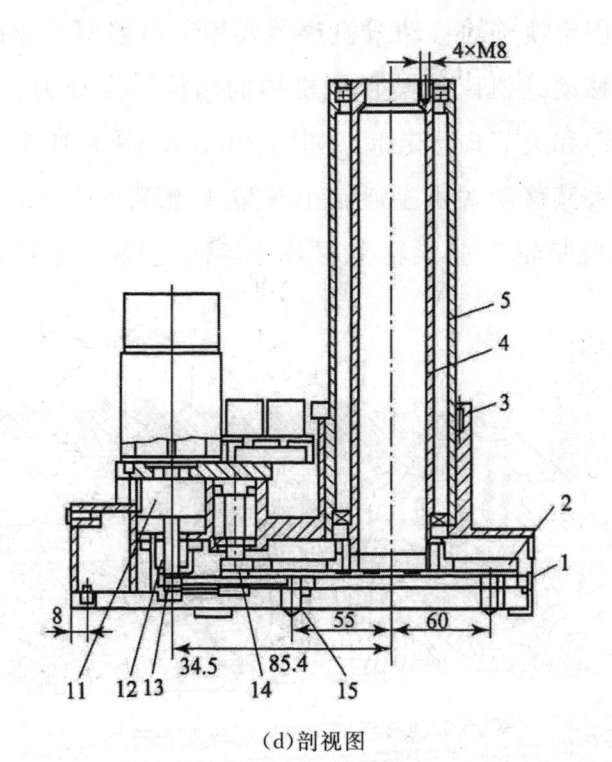

(d) 剖视图

**图 2-8 PUMA-262 的机座装配示意**

1—基座 2—大齿轮 3—压环 4—主轴 5—立柱 6—支架 7—电动机 8—连接板
9—气管接头 10—空气阀门 11—电磁制动阀 12—固定套 13—轴齿轮
14—中间轴 15—双联齿轮

## 二、移动式机座

移动式机座就是移动式机器人的行走部分,主要由支撑结构、驱动装置、传动机构、位置检测元件、传感器、电线及管路等部分组成。它一方面支承移动式机器人的机身、机械臂和手部,因而必须具有足够的刚度和稳定性;另一方面还必须根据作业任务的要求,带动机器人在更广阔的空间内运动,因而必须具有突出的灵活性和适应性。

移动式机座的机构按其运动轨迹可分为固定轨迹式和无固定轨迹式两类。固定轨迹的移动式机座主要用于横梁型工业机器人。无固定轨迹的移动式机座按其行走机构的结构特点分为轮式行走部、履带式行走部和关节式行走部。如图2-9所示,采用履带式行走部的移动式机器人其移动式机座通常由车架4、悬架6、履带7、驱动链轮5、承重轮3、托带轮2、张紧轮1(又称为导向轮)和张紧机构等零部件组成。

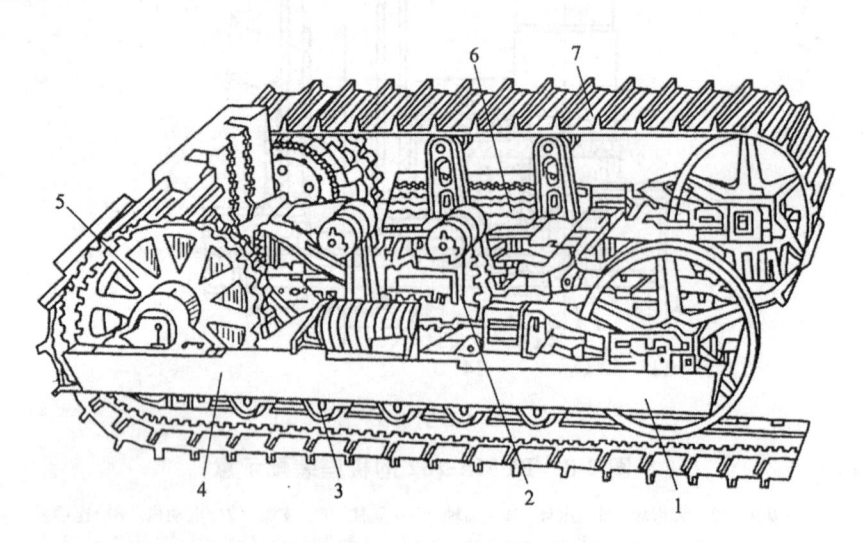

图 2-9 履带式机器人移动式机座的组成

1—张紧轮 2—托带轮 3—承重轮 4—车架 5—驱动链轮 6—悬架 7—履带

在采用履带式行走部的移动式机器人中,由于履带呈卷绕状,所以在履带传动机构中不能采用汽车式的转向机构。要改变该机器人的行进方向，或者是对其某一侧的履带驱动系统进行制动，使左右两侧履带的速度不一样；或者是对某一侧的履带进行反向驱动，使履带与路面之间产生横向滑移，这样就能使其转过小弯，甚至实现原地旋转，增强机器人运动的灵活性。

## 第三节　工业机器人的手臂结构

手臂是指工业机器人连接机座和手部的部分，其主要作用是改变手部的空间位置，将被抓取的物品运送到机器人控制系统指定的位置上，满足机器人作业的要求，并将各种载荷传递到机座上。手臂是工业机器人执行机构中十分重要的组成部件，一般具有3个自由度，即手臂的伸缩、左右回转和升降（或俯仰）运动。手臂的回转和升降运动是通过机器人机座上的立柱实现的，立柱的横向移动即为手臂的携移。手臂的各种运动通常由驱动机构和各种传动机构来实现，因此，它不仅需要承受被抓取工件的重量，还要承受末端执行器、手腕和手臂自身的重量。手臂的结构形式、工作范围、抓重大小（即臂力）、灵活性和定位精度都直接影响工业机器人的工作性能，所以必须根据机器人的抓取重量、运动形式、自由度数、运动速度、定位精度等多项要求来设计手臂的结构形式。

图2-10为PUMA-262的整体装配视图。该机器人主要由基座、立柱、大臂、小臂和手腕组成，大臂部件主要由大臂结构、大臂和小臂的传动结构组成，其大臂部件的结构形式如图2-11所示。由图2-11可见，大臂部件主要由大臂结构、大臂和小臂的传动结构组成，其中大臂结构又由整体铝铸件骨架与外表面薄铝板连接而成，既可作为机器人的传动手臂，又可作为传动链的箱体。

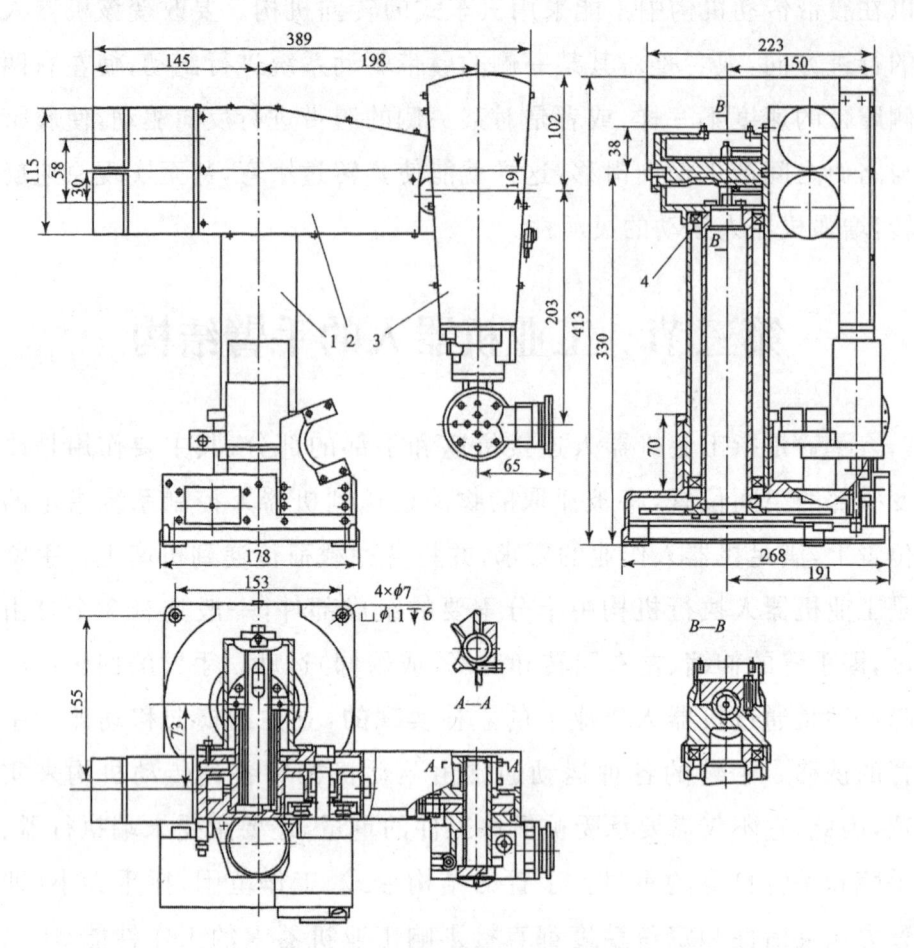

**图 2-10　PUMA-262 整体装配视图**

1—基座　2—大臂　3—小臂与手腕　4—连接螺钉

该机器人大臂的传动路线为大臂电机 3 输出轴上装有的电磁制动闸和联轴器 4，联轴器另一端连接的锥齿轮 26，与安装在轴齿轮 22 上的锥齿轮 23 啮合；锥齿轮 23 与安装在中间轴 11 上的大齿轮 9 啮合；中间轴另一端装有末级小齿轮 13，与固定齿轮 14 啮合；固定齿轮安装在后壳体上，后壳体固定在立柱上，后壳体上还提供心轴 7，大臂壳体通过二个轴承支撑在心轴上。当大臂电机旋转时，末级小齿轮在固定齿轮 14 上滚动，整个大臂做俯仰运动。

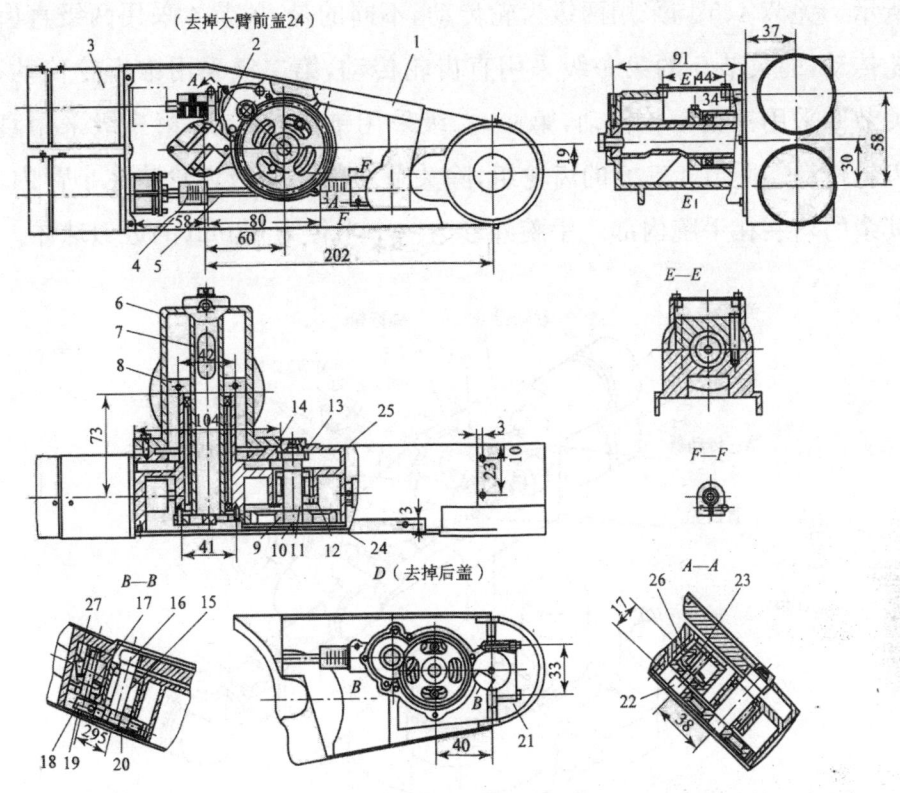

**图 2-11 PUMA-262 的大臂部件装配图**

1—壳体　2—压板　3—电动机　4—联轴器　5—传动轴　6—后壳体　7—心轴　8—压块
9—大齿轮　10—盖板　11—中间轴　12—偏心衬套　13—小齿轮　14—固定齿轮
15—偏心衬套　16—轴齿轮　17—锥齿轮　18—轴齿轮　19—盖　20—大齿轮　21—压块
22—轴齿轮　23—锥齿轮　24—前盖　25—后盖　26—锥齿轮　27—锥齿轮

PUMA-262 大臂结构与小臂结构相似，都是由用作内部骨架的铝铸件与用作臂外壁面的薄铝板件相互连接而成。大臂上装有关节 2、3 的驱动电机，内部装有对应的传动齿轮组[图 2-12(a)]，关节 2、3 都采用了三级齿轮减速，其中第一级采用锥齿轮传动，以改变传动方向 90°，第二、第三级均采用直齿轮传动，关节 2 传动链的最末一个大齿轮固定在立柱上；关节 3 传动链的最末一个大齿轮固定在小臂上。小臂端部装有一个具有三自由度（关节 4、5、6）的手腕，在小臂根部装有关节 4、5 的驱动电机，在小臂中部装有关节 6 的驱动电机，如图 2-12(b)

所示。关节 4、5 均采用两级齿轮传动,不同的是,关节 4 采用两级直齿轮传动,而关节 5 的第一级采用直齿轮传动,第二级采用锥齿轮传动;关节 6 采用三级齿轮传动,第一、二级采用锥齿轮传动,第三级采用直齿轮传动。关节 4、5、6 的齿轮组,除关节 4 的第一级齿轮装在小臂内,其余的均装在手腕内部。手腕外形为一个半径为 32mm 的近似球体。

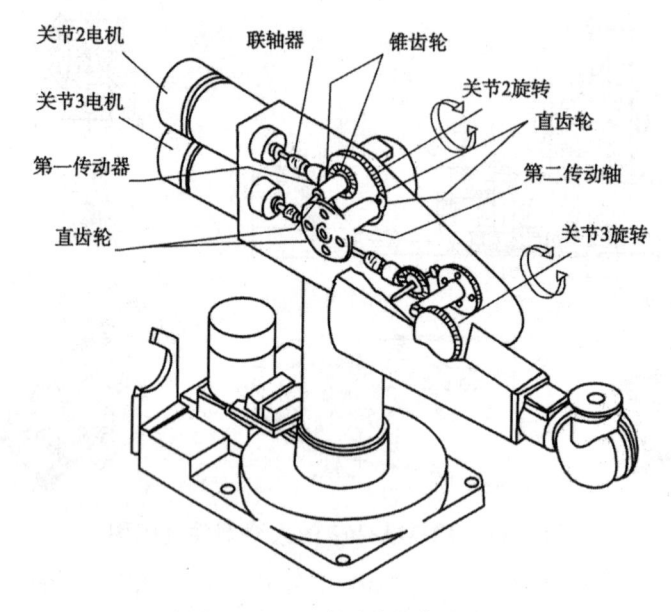

(a)PUMA-262 大臂关节传动关系

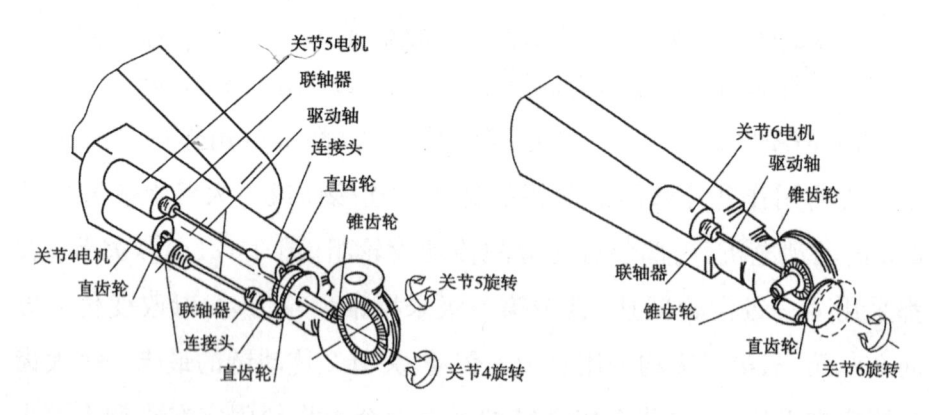

(b)PUMA-262 小臂关节传动关系

图 2-12 PUMA-262 大、小臂关节传动关系

PUMA-262 是美国 Unimation 公司制造的一种精密轻型关节通

用机器人,具有结构紧凑、运动灵巧、重量轻、体积小、传动精度高、工作范围大、适用范围广等优点。该机器人在传动上,采用了灵巧方便的齿轮间隙调整机构与弹性万向联轴器,使传动精度大大提高,且装配调整又甚为简便;在结构上,则大胆采用了整体铰接结构,减少了连接件,手臂采用自重平衡,为操作安全,在腰关节、大臂、小臂关节处设计了简易的电磁制动闸。该机器人主要性能参数如下:机器人手臂运转的自由度为6个;采用直流伺服电机驱动;手腕最大载荷为1kg;重复精度为0.05mm;工具最大线速度为1.23m/s;操作范围是以肩部中心为球心、0.47m为半径的空间球体;控制采用计算机系统,程序容量为19KB,输入/输出能力为32位;示教采用示教盒或计算机;手臂(本体)总重为13kg。

工业机器人按手臂的结构形式分类,可分为单臂、双臂及悬挂式,按手臂的运动形式分类,则可分为直线运动式(如手臂的伸缩、升降及横向或纵向移动)、回转运动式(如手臂的左右回转、上下摆动)、复合运动式(如直线运动和回转运动的组合、两直线运动的组合、两回转运动的组合)。下面分别介绍手臂的运动机构。

## 一、直线运动式手臂机构

机器人手臂的伸缩、升降及横向或纵向移动均属于直线运动,而实现工业机器人手臂直线运动的机构形式较多,行程小时,可采用活塞油(气)缸直接驱动;行程较大时,可采用活塞油(气)缸驱动齿条传动的倍增机构,或采用步进电机及伺服电机驱动,也可采用丝杠螺母传动或滚珠丝杠传动。

为了增加手臂的刚性,防止手臂在直线运动时绕轴线转动或产生变形,臂部伸缩机构需设置导向装置,或设计方形、花键等形式的臂杆。常用的导向装置有单导向杆和双导向杆等,可根据手臂的结构、抓重等因素选取。图2-13为某机器人手臂伸缩结构,由于该机器人抓取的工件形状不规则，为防止产生较大的偏重力矩，故采用四根导向柱。在该手臂中，垂直伸缩运动由油缸3驱动，其特点是行程长、抓重大。这种手臂伸缩机构多用于箱体加工线上。

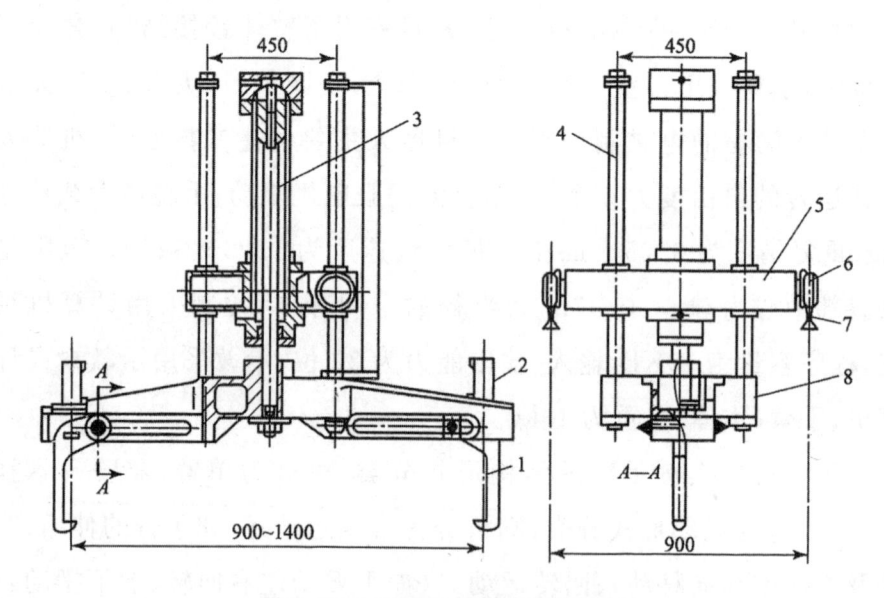

**图 2-13　四导向柱臂部伸缩机构**

1—手部　2—夹紧缸　3—油缸　4—导向柱　5—运行架　6—行走车轮　7—轨道　8—支座

## 二、旋转运动式手臂机构

能够实现工业机器人手臂旋转运动的机构形式多种多样，常用的有叶片式回转缸、齿轮传动机构、链轮传动机构、连杆机构等。例如，将活塞缸和齿轮齿条机构联用即可实现手臂的旋转运动。在该应用场合中，齿轮齿条机构是通过齿条的往复移动，带动与手臂连接的齿轮作往复旋转，实现手臂的旋转运动。带动齿条往复移动的活塞缸可以由压力油或压缩气体驱动。

## 三、俯仰运动式手臂机构

在工业机器人应用领域，一般通过活塞油（气）缸与连杆机构的联用来实现机器人手臂的俯仰运动。手臂做俯仰运动用的活塞油

(气)缸位于手臂的下方,其活塞杆和手臂用铰链连接,缸体采用尾部耳环或中部销轴等方式与立柱连接。此外,还可采用无杆活塞油(气)缸驱动齿轮齿条机构或四连杆机构来实现手臂的俯仰运动。

图 2-14 为采用活塞油缸 5、7 和连杆机构,使小臂 4 相对大臂 6,以及大臂 6 相对立柱 8 实现俯仰运动的机构示意图。

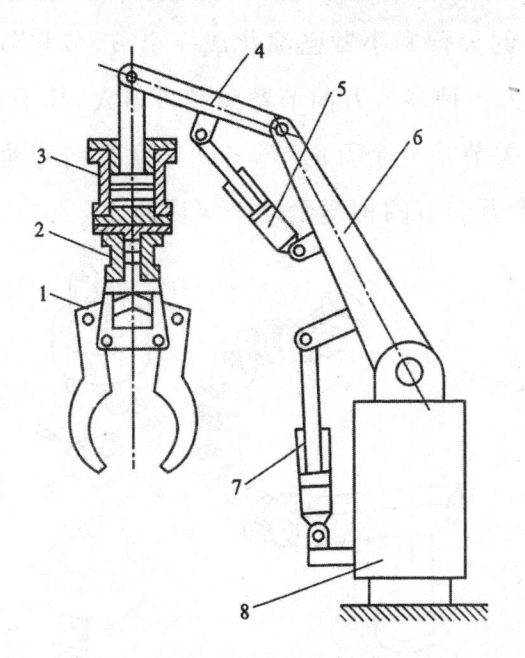

图 2-14  铰接摆动活塞油缸驱动手臂俯仰机构示意
1—手部  2—夹紧缸  3—升降缸  4—小臂  5、7—摆动油缸  6—大臂  8—立柱

## 四、复合运动式手臂机构

工业机器人手臂的复合运动多数用于动作程序固定不变的作业场合,它不仅使机器人的传动结构更为简单,还可简化机器人的驱动系统和控制系统,并使机器人运动平稳、传动准确、工作可靠,因而在生产中应用较多。除手臂实现复合运动外,手腕与手臂的运动亦能组成复合运动。手臂(或手腕)和手臂的复合运动可以由动力部件(如活塞缸、回转缸、齿条活塞缸等)与常用机构(如凹槽机构、连杆机构、齿轮机构等)按照手臂的运动轨迹(路线)或手臂和手腕的动作要

求进行组合。下面分别介绍复合运动的手臂和手腕与手臂的结构。

通常的工业机器人手臂虽然能在作业空间内使手部处于某一位置和姿态,但由于其手臂往往是由2~3个刚性臂和关节组成的,因而避障能力较差,在一些特殊作业场合就需要用到多节弯曲型机器人(亦称柔性臂)。所谓多节弯曲型机器人是由多个摆动关节串联而成,原来意义上的大臂和小臂已演化成一个节,节与节之间可以相对摆动。图 2-15 为一种多节万向节弯曲型机器人,其手臂由 12 个关节串联组成,每个关节是一个万向节,可朝任意方向弯曲。整个手臂的运动是通过各个万向节的钢缆牵动来实现的。

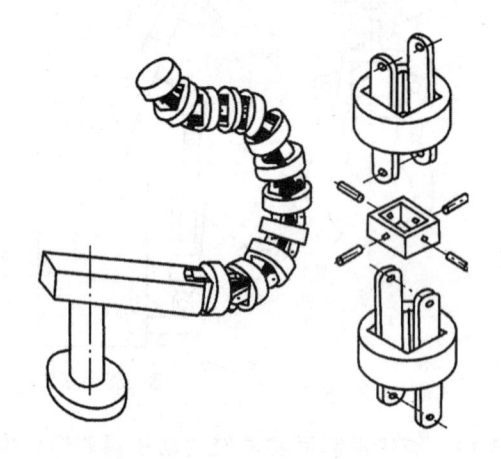

**图 2-15 多节万向节弯曲型机器人**

图 2-16 为另一种多级万向节式弯曲手臂,其特点是第一个关节所属万向节的相对运动是由动力驱动实现的,以后各个关节所属万向节的相对运动则是由第一个关节所属万向节的运动依次传递实现的,因此,如果各个关节的弯曲程度一样,那么整个手臂可以弯曲成一段圆弧。

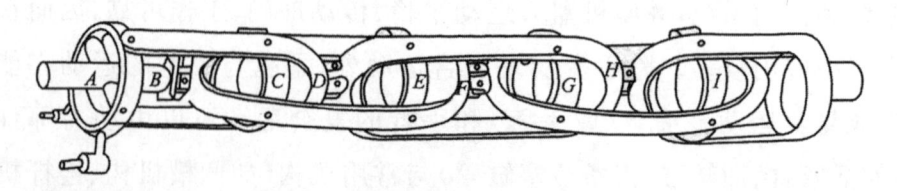

**图 2-16 多级联动万向节式弯曲手臂**

# 第四节　工业机器人的手腕结构

机器人的手腕是连接手臂和手部的结构部件,它的主要作用是调节或改变工件的方位。因此,它具有独立的自由度,以保证机器人的手部能够完成复杂的动作。机器人一般需要六个自由度才能使手部达到目标位置并处于期望的姿态。为了使手部能处于空间任意方向,一般需要三个自由度,即翻转、俯仰和偏转。我们通常把手腕的翻转叫作 Roll,用 R 表示;把手腕的俯仰叫作 Pitch,用 P 表示;把手腕的偏转叫作 Yaw,用 Y 表示。机器人的手腕结构多为上述三个回转方式的组合,组合的方式可以有多种形式。

## 一、根据自由度对手腕分类

机器人的手腕按照自由度数目来分,可以分为单自由度手腕、二自由度手腕和三自由度手腕。

### (一)单自由度手腕

图 2-17(a)为 R 关节,它使手臂纵轴线和手腕关节轴线构成共轴线形式,其旋转角度大。图 2-17(b)为 B 关节,它的关节轴线与前、后两个连接件的轴线相垂直。图 2-17(c)为 T 关节,它可使手爪横向移动。

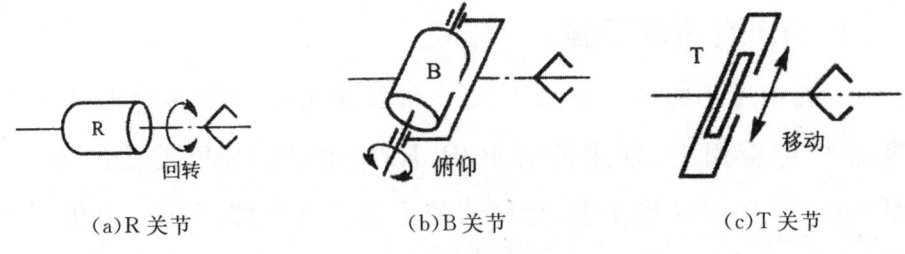

(a)R 关节　　(b)B 关节　　(c)T 关节

图 2-17　单自由度手腕

## (二)二自由度手腕

二自由度手腕可以是由一个 R 关节和一个 B 关节组成的 BR 手腕,如图 2-18(a)所示,也可以是由两个 B 关节组成的 BB 手腕,如图 2-18(b)所示。但是不能由两个 RR 关节组成 RR 手腕,如图 2-18(c)所示,因为两个 R 关节共轴线,会减少一个自由度,导致实际只构成单自由度手腕。在二自由度手腕中最常用的是 BR 手腕。

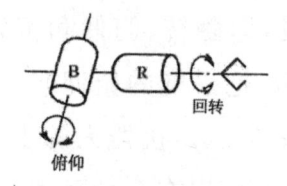

(a)BR 手腕

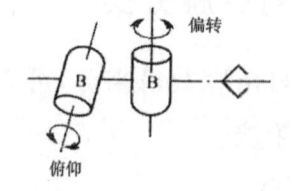

(b)BB 手腕

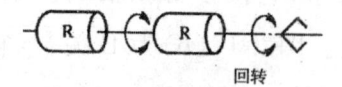

(c)RR 手腕

图 2-18 二自由度手腕

## (三)三自由度手腕

三自由度手腕可以是由 B 关节和 R 关节组成的多种形式的手腕,但实际应用中,常用的有 BBR、RRR、BRR、RBR 类型的手腕。图 2-19(a)为 BBR 型手腕,该结构使手部具有俯仰、翻转、偏转 3 个运动;图 2-19(b)为 RRR 型手腕,该手腕应该对各关节进行偏置,避免出现同方向自由度重叠;图 2-19(c)为 BRR 型手腕;图 2-19(d)为

RBR 型手腕，该结构在第一个关节处进行了偏置。

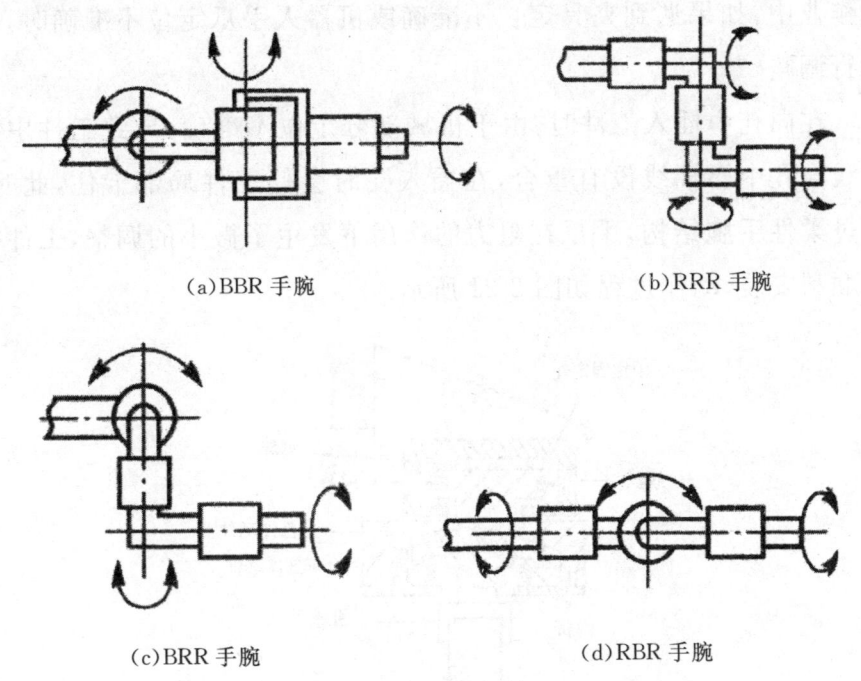

(a) BBR 手腕

(b) RRR 手腕

(c) BRR 手腕

(d) RBR 手腕

图 2-19　三自由手腕

## 二、柔顺手腕结构

柔顺手腕常应用在精密装配作业中，是顺应现代机器人装配作业产生的一项技术，它主要应用于孔轴零件的装配作业中。当被装配件之间的配合精度要求高时，以及工件的定位夹具、机器人手爪的定位精度无法满足装配要求时，柔顺手腕可主动或被动地调整装配体之间的相对位置，弥补装配误差，以顺利完成装配作业。

柔性顺序装配技术有两种：一种是从检测和控制的角度对装配零件之间的相对位置进行调整，如在手爪上配有视觉传感器、力传感器等，这种形式可称为主动柔顺装配；另一种是在手腕部结构上进行柔性设计，以满足柔顺装配的需要，这种柔性装配技术称为被动柔顺装配。

图 2-20 是具有移动和摆动浮动机构的柔顺手腕。水平浮动机构由平面、钢球和弹簧构成，以实现在两个方向上进行浮动；摆动浮动

机构由上、下球面和弹簧构成，可以实现在两个方向上的摆动。在装配作业中，如果遇到夹具定位不准确或机器人手爪定位不准确时，可自行调整。

在向孔中插入工件时，由于机械部分定位不准确，导致工件中心轴线与孔中心轴线没有重合，在插入孔时会使工件局部卡住，此时，通过柔性手腕结构，手爪在阻力的作用下发生了微小的调整，工件得以顺利安装，动作过程如图 2-21 所示。

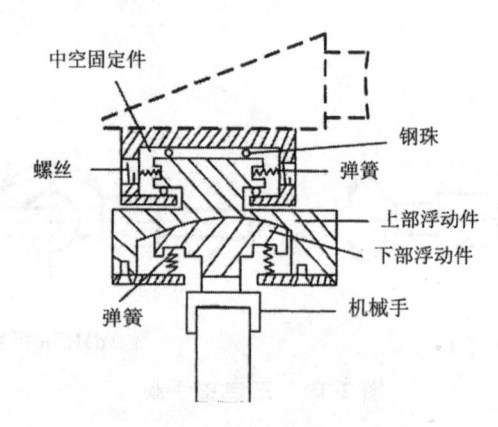

图 2-20 移动摆动柔顺手爪

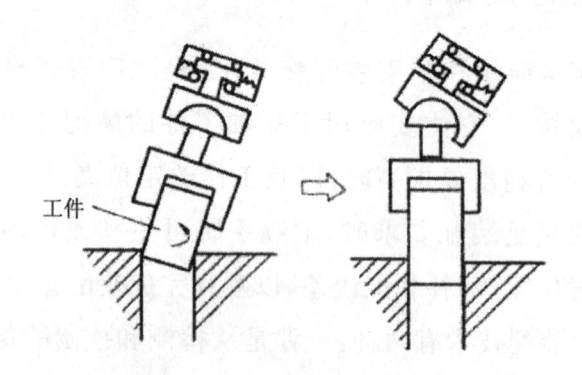

图 2-21 柔顺手腕动作过程

图 2-22 为板弹簧柔顺手腕，采用板弹簧作为柔性元件，在基座上通过板弹簧 1、2 连接框架，并在框架另外两个侧面上通过板弹簧 3、4 连接平板和轴，装配时通过 4 块板弹簧的变形实现柔性装配。

(a)主视图

(b)左视图

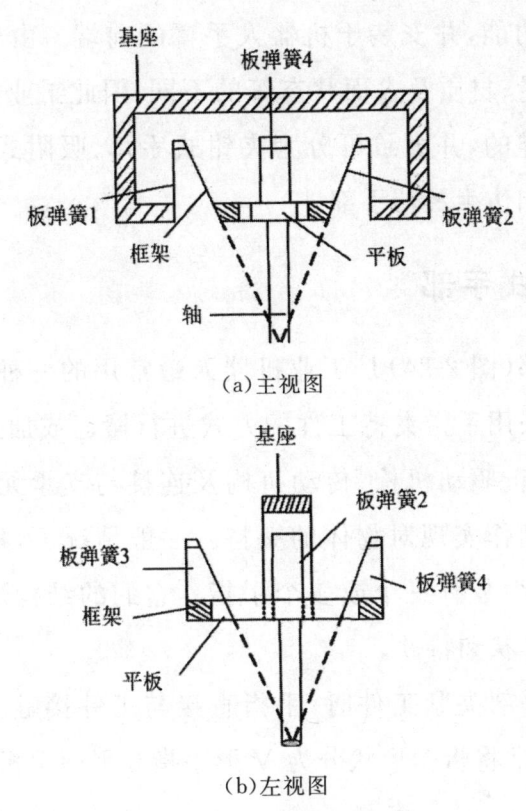

图 2-22　板弹簧柔顺手腕

PUMA262 机器人的手腕采用的是 RRR 结构形式。安川 HP20 工业机器人的手腕采用的是 RBR 结构形式,如图 2-23 所示。

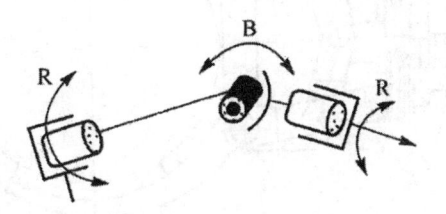

图 2-23　安川 HP20 工业机器人的腕部结构形式

# 第五节　工业机器人的手部结构

机器人直接用于抓取和握紧(吸附)的专用工具(如喷枪、扳手、焊具、喷头等)并进行操作的部件,一般称为末端操作器。它具有模仿人手动作的功能,并安装于机器人手臂的前端。由于被握工件的形状、尺寸、重量、材质及表面状态等的不同,因此工业机器人末端操作器是多种多样的,并大致可分为夹钳式手部、吸附式手部、专用操作器及转换器和仿生灵巧手部。

## 一、夹钳式手部

夹钳式手部(图 2-24)是工业机器人最常用的一种手部形式,此类工业机器人采用手指夹持工件的方式进行搬运或加工的运动。夹钳式手部由手指、驱动机构、传动机构及连接与支承元件组成,能通过手爪的开闭动作实现对物体的夹持。一般情况下,机器人的手部只有两个手指,少数有三个或多个手指。它们的结构形式常取决于被夹持工件的形状和特性。

当机器人手部夹紧工件时,手指直接与工件接触。根据被夹持工件的特点,通常将指端形状分为 V 形手指和平面手指。

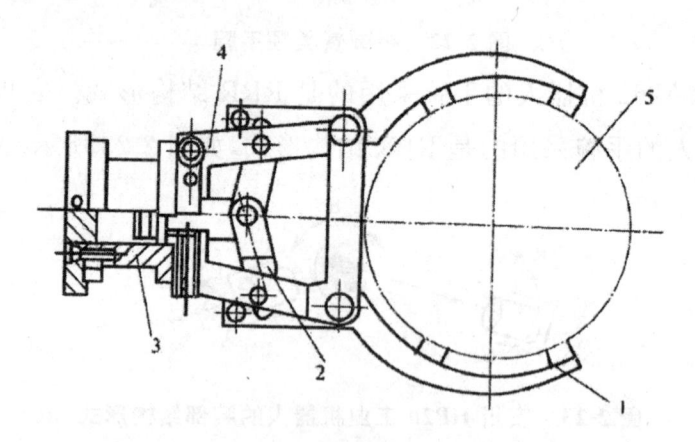

图 2-24 夹钳式手部结构

指面的形状通常被设计成光滑指面、齿形指面和柔性指面等。光滑指面用来夹持已加工过的表面,避免已加工过的表面受损伤。齿形指面的表面被滚压上齿纹,在夹持工件时可以提高夹持力,确保工件夹紧,一般用来夹持毛坯零件。柔性指面内镶橡胶、泡沫等柔性物体,既可以增大摩擦力,又能够保护已加工工件的表面。

## 二、吸附式手部

吸附式手部由吸盘、吸盘架及进排气系统组成,是利用吸盘内的压力和大气压之间的压力差进行工作的。它具有结构简单、重量轻、使用方便可靠、对工件表面没有损伤、吸附力分布均匀等优点,且其广泛应用于对非金属材料或不可有剩磁的材料的吸附,但要求被吸附物体表面较平整光滑,无孔无凹槽等。

### (一)真空吸附取料手

如图 2-25 所示,在取料时,蝶形橡胶吸盘与物体表面接触,橡胶吸盘在边缘既起到密封作用,又起到缓冲作用,然后抽气,空气抽完后,吸盘内又成真空状态,吸取物料;放料时,管路接通大气,失去真空,物体放下。为避免在取料、放料时产生撞击,有的还在支撑杆上配置有弹簧进行缓冲。图 2-26 为微小零件取料手,适用于抓取微小工件。真空吸附取料工作可靠,吸附力大,但需要有真空系统,成本较高。

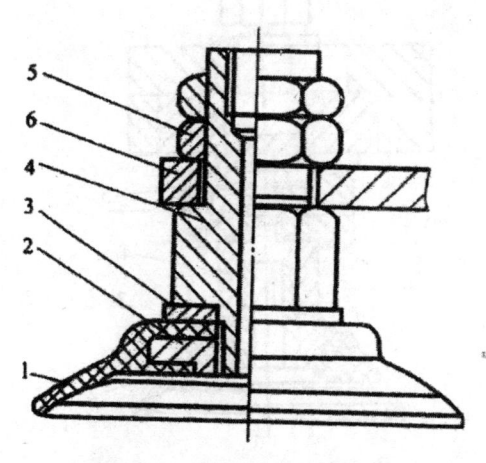

图 2-25 真空吸附取料手

1—橡胶吸盘 2—固定环 3—垫片 4—支撑杆 5—基板 6—螺母

(a) 垫圈取料手　　(b) 钢球取料手

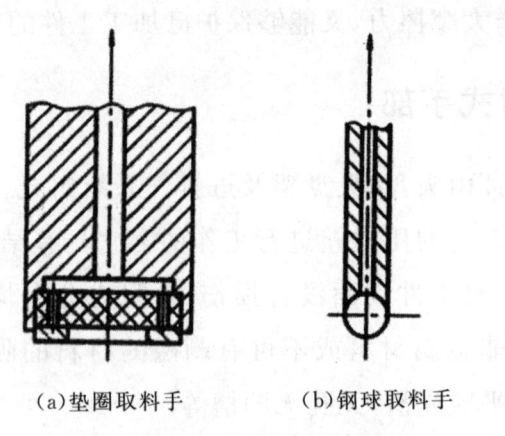

图 2-26　微小零件取料手

## (二) 气流负压吸附取料手

如图 2-27 所示,气流负压吸附取料手是利用流体力学的原理,当需要取物时,压缩空气高速流经喷嘴,使出口处的气压低于吸盘腔内的气压,于是腔内的气体被高速气流带动而形成负压,工件在负压下被吸附在橡胶吸盘上;当需要释放时,切断压缩空气就可以了。这种取料手需要压缩空气在负压状态下才能工作。

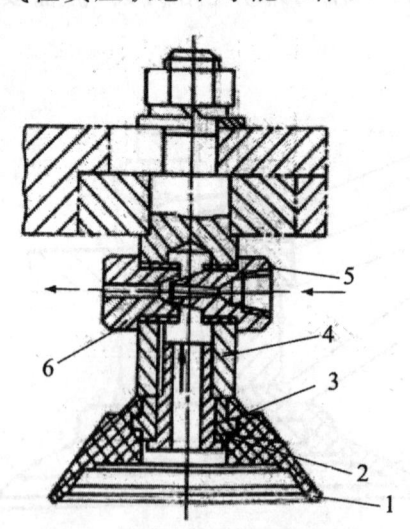

图 2-27　气流负压吸附取料手

1—橡胶吸盘　2—心套　3—透气螺钉　4—支撑杆　5—喷嘴　6—喷嘴套

图 2-28 为气流负压吸附气动回路图,当电磁阀在断电的情况下,

真空发生器中没有气流,气爪内没有形成真空状态,因此不具有吸附能力;当电磁阀通电后,真空发生器中有气流通过,使气爪处气压降低,形成气压差,能够抓取一定重量的工件。

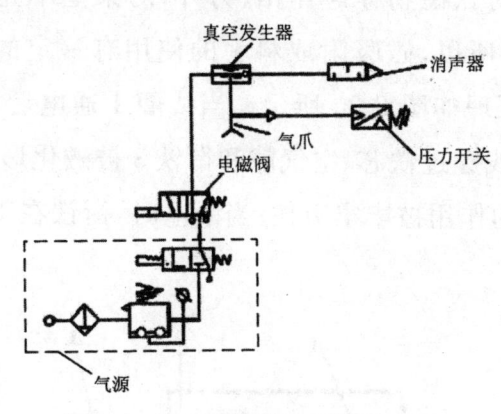

图 2-28 气流负压吸附气动回路

## (三)挤压排气取料手

挤压排气取料手如图 2-29 所示。其工作原理为,取料时,吸盘压紧物体,橡胶吸盘变形,挤出腔内多余的空气,在取料手上升时,依靠橡胶吸盘的恢复力形成负压,将物体吸住;释放时,压下拉杆 3,使吸盘腔与大气连通而失去负压。该取料手结构简单,但吸附力小,且吸附状态不易长期保持。

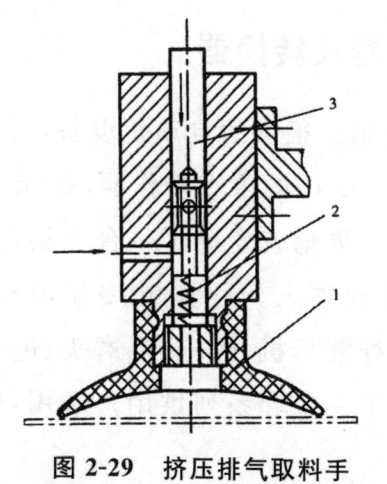

图 2-29 挤压排气取料手

1—橡胶吸盘 2—弹簧 3—拉杆

### (四)磁吸附取料手

磁吸附取料手是利用永久磁铁或电磁铁通电后产生的电磁吸力取料,因此只能对铁磁物体起作用;另外,对某些不允许有剩磁的零件要禁止使用。所以,磁吸附取料手的使用有一定的局限性。磁吸附取料手工作原理如图 2-30 所示。当线圈 1 通电后,在铁芯 2 周围产生磁场,磁力线穿过铁芯、空气隙和衔铁 3 被磁化形成回路,衔铁受到电磁吸力 $F$ 的作用被牢牢吸住;当断电时,衔铁在工件的重力作用下与铁芯分离。

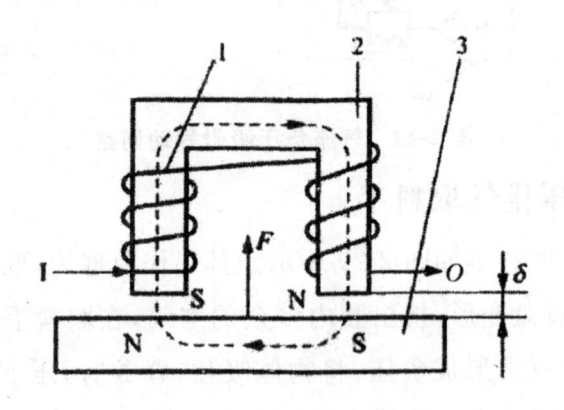

**图 2-30 磁吸附取料手**
1—线圈　2—铁芯　3—衔铁

## 三、专用操作器及转换器

机器人是一种通用性很强的自动化设备,可根据作业要求完成各种动作,再配上各种专用的末端操作器,就能完成各种动作。例如,通用机器人上安装焊枪就变成了一台焊接机器人,安装拧螺母机则变成了一台装配机器人。目前,由专用电动、气动工具改型而成的许多操作器,有拧螺母机、焊枪、电磨头、电铣头、抛光头、激光切割机等,已经形成了一整套系列供用户选用,使机器人胜任各种工作(图 2-31)。

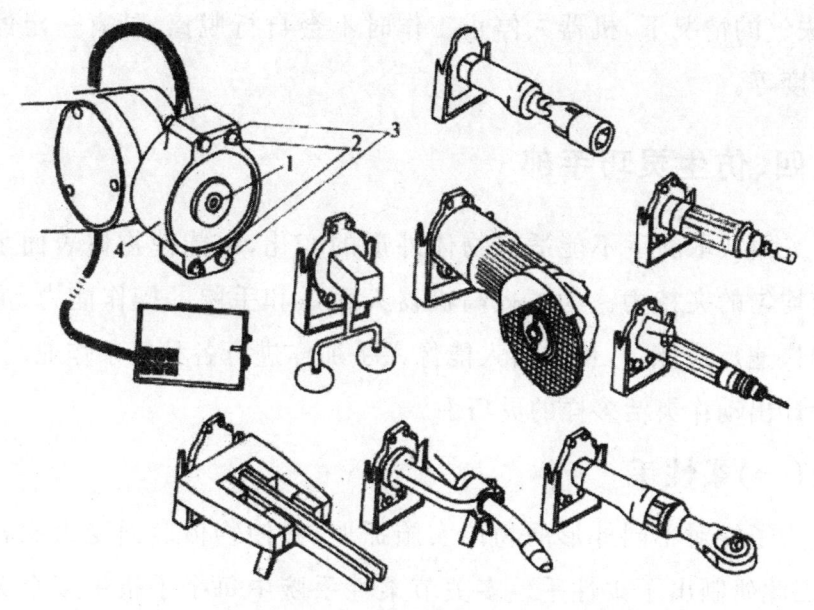

**图 2-31　各种专用末端操作器和电磁吸盘式换接器**
1—气路接口　2—定位销　3—电接头　4—电磁吸盘

若想机器人在作业时能自动更换不同的末端操作器，就需要配置具有快速装卸功能的换接器。换接器由两部分组成：换接器插座和换接器插头，分别装在机器腕部和末端操作器上，能够实现机器人对末端操作器的快速自动更换（图 2-32）。

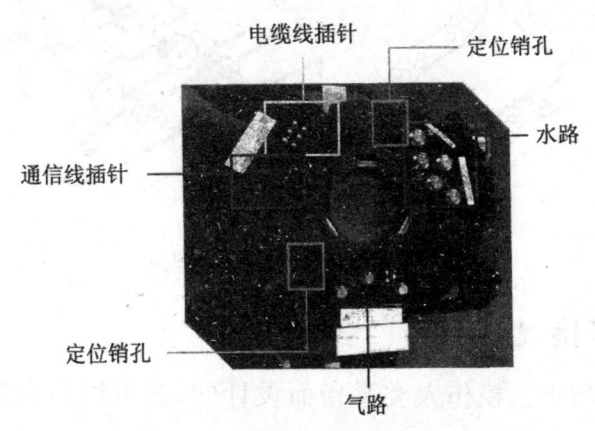

**图 2-32　电磁吸盘式换接器**

专用末端操作器的换接器的要求主要有同时具备气源、电源及信号的快速连接与切换功能；能承受末端操作器的工作载荷；在失电、失气的情况下,机器人停止工作时不会自行脱离,具有一定的换接精度等。

## 四、仿生灵巧手部

夹钳式取料手不能适应物体外形的变化,不能使物体表面承受比较均匀的夹持力。为了提高机器人手爪和手腕的操作能力、灵活性和快速反应能力,使机器人能像人手那样进行各种复杂作业,就需要设计出动作灵活多样的灵巧手。

### (一)柔性手

为了能对不同外形的物体实施抓取,并使物体表面受力比较均匀,因此研制出了柔性手。多关节柔性手腕中每个手指由多个关节串联而成;驱动源可采用电机驱动或液压、气动元件驱动;柔性手腕可抓取凹凸不平的物体并使物体受力较为均匀。图2-33为多关节柔性手指,传动部分由牵引钢丝绳及摩擦滚轮组成,每个手指由两根钢丝绳牵引,分别控制手指的握紧和放松。

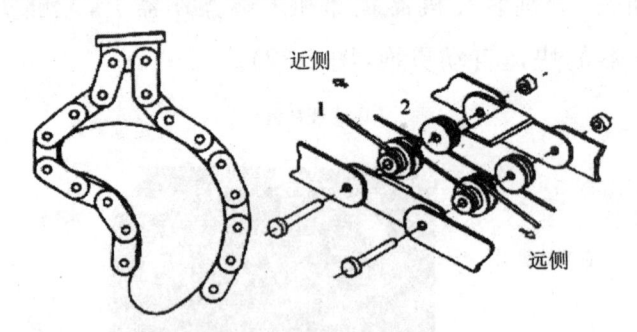

图2-33 多关节柔性手指

### (二)多指灵巧手

多指灵巧手是模仿人类手指而设计的,它可以具有多个手指,每个手指有3个回转关节,每个关节的自由度都是独立控制的。因此,该类型手指能够完成各种复杂动作,如拧螺钉、搬运不规则物体等。如果在手部配置触觉、力觉等传感器,将会使机器灵巧手的功能更加接近人类手指。

加拿大 ROBOTIQ 公司研发了仿生多指灵巧手,该手部能够模仿人手的动作,且该手部由多个手指组成,每一个手指有 3 个回转关节,每一个关节的自由度都是独立控制的。该仿生多指灵巧手能够模仿人类各种复杂的手部动作,可以抓取不同形状和不同尺寸的工件,灵活性强。

# 第三章 工业机器人运动学

## 第一节 物体在空间中的位姿描述

物体在空间中的位姿可以用固定于物体任一点上的坐标系来表示。假设$\{O:x,y,z\}$为固定于地面上的固定坐标系,$\{O':x_b,y_b,z_b\}$为固定于物体任意一点上的动坐标系,且坐标系$\{O':x_b,y_b,z_b\}$是由坐标系$\{O:x,y,z\}$经过平移、旋转得到的,如图3-1所示。$i,j,k$是坐标系$\{O:x,y,z\}$对应坐标轴上的单位矢量,$i_b,j_b,k_b$是坐标系$\{O':x_b,y_b,z_b\}$对应坐标轴上的单位矢量。物体在空间的位置可以用动坐标系的原点$O'$相对于固定坐标系的位置来表示,即

$$\boldsymbol{X}_0 = \begin{bmatrix} x_0 \\ y_0 \\ z_0 \end{bmatrix} \tag{3-1}$$

这里$\boldsymbol{X}_0$为$3\times1$的列矢量。

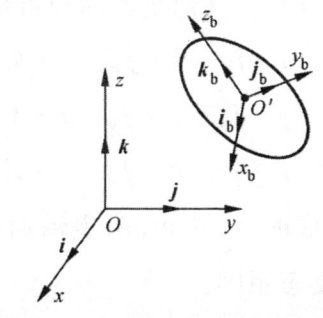

图 3-1 物体在空间中的位姿表示

物体在空间的姿态可以用动坐标系三个坐标轴上的单位矢量 $i_b, j_b, k_b$ 方向来描述，也就是用 $i_b, j_b, k_b$ 相对固定坐标系的方向余弦，即 $(i \cdot i_b, j \cdot i_b, k \cdot i_b)$，$(i \cdot j_b, j \cdot j_b, k \cdot j_b)$，$(i \cdot k_b, j \cdot k_b, k \cdot k_b)$ 来表示，它们也分别是 $i_b, j_b, k_b$ 相对固定坐标系的坐标值，即单位矢量的方向余弦与坐标值或投影是相等的。用矩阵的形式表示有

$$i_b = [ijk] \begin{bmatrix} i \cdot i_b \\ j \cdot i_b \\ k \cdot i_b \end{bmatrix},$$

$$j_b = [ijk] \begin{bmatrix} i \cdot j_b \\ j \cdot j_b \\ k \cdot j_b \end{bmatrix},$$

$$k_b = [ijk] \begin{bmatrix} i \cdot k_b \\ j \cdot k_b \\ k \cdot k_b \end{bmatrix}.$$

整理后得

$$i_b j_b k_b = [ijk] \begin{bmatrix} i \cdot i_b & i \cdot j_b & i \cdot k_b \\ j \cdot i_b & j \cdot j_b & j \cdot k_b \\ k \cdot i_b & k \cdot j_b & k \cdot k_b \end{bmatrix}. \tag{3-2}$$

式中，$i \cdot i_b$ 表示 $x_b$ 轴与 $x$ 轴两个单位矢量之间的内积，也即方向余弦，$i \cdot i_b = [i][i_b]\cos\alpha = \cos\alpha$，其他量由同理可得，令

$$R = \begin{bmatrix} i \cdot i_b & i \cdot j_b & i \cdot k_b \\ j \cdot i_b & j \cdot j_b & j \cdot k_b \\ k \cdot i_b & k \cdot j_b & k \cdot k_b \end{bmatrix}. \tag{3-3}$$

$R$ 为由方向余弦构成的 $3 \times 3$ 矩阵，表示动坐标系相对于固定坐标系的姿态，所以称为姿态矩阵。

方向余弦矩阵是正交矩阵，即矩阵中每行和每列中元素的平方

和为 1,两个不同列或不同行中对应元素的乘积之和为 0。

## 第二节 齐次坐标与齐次坐标变换

### 一、齐次坐标

将一个 $n$ 维空间的点用 $n+1$ 维坐标表示,则该 $n+1$ 维坐标即为 $n$ 维坐标的齐次坐标。令 $w$ 为该齐次坐标中的比例因子,当 $w=1$ 时,其表示方法称为齐次坐标的规格化形式。例如,在选定的坐标系 $\{O:x,y,z\}$ 中,对于空间中任意一点的位置矢量 $P$,有

$$P=[P_x \quad P_y \quad P_z]^T$$

式中,$P_x,P_y,P_z$ 为点 $P$ 在坐标系中的三个坐标分量。

当 $w\neq1$ 时,则相当于将该列阵中各元素同时乘以一个非零的比例因子 $w$,仍表示同一点 $P$,即

$$P=[a,b,c,w]^T$$

式中,$a=wP_x;b=wP_y;c=P_z$。

分别表示 $x,y,z$ 坐标轴单位矢量的 $i,j,k$,用齐次坐标可表示为

$$X=[1 \quad 0 \quad 0 \quad 0]^T,$$
$$Y=[0 \quad 1 \quad 0 \quad 0]^T,$$
$$Z=[0 \quad 0 \quad 1 \quad 0]^T.$$

由上述可知:若规定 $4\times1$ 列阵 $[a \quad b \quad c \quad w]^T$ 中第四个元素为零,且满足 $a^2+b^2+c^2=1$,则 $[a \quad b \quad c \quad 0]^T$ 中的 $a,b,c$ 表示矢量的方向;若规定 $4\times1$ 列阵 $[a \quad b \quad c \quad w]^T$ 中第四个元素不为零,则 $[a \quad b \quad c \quad w]^T$ 中的 $a,b,c$ 表示空间某点的位置。

### 二、齐次坐标变换

在机器人坐标系中,运动时相对于连杆不动的坐标系称为固定

坐标系，随着连杆运动的坐标系称为动坐标系。

假设机器人手部拿着一个钻头在工件上实施钻孔作业，已知钻头中心 $P$ 点相对于手部中心的位置，求点 $P$ 相对于基座的位置。分别在基座和手部上设置固定坐标系和动坐标系，如图 3-2 所示。点 $P$ 相对于固定坐标系 $\{O:x,y,z\}$ 的坐标为 $(x,y,z)$，相对于动坐标系 $\{O':x_b,y_b,z_b\}$ 的坐标为 $(x_b,y_b,z_b)$。三个矢量之间的关系为

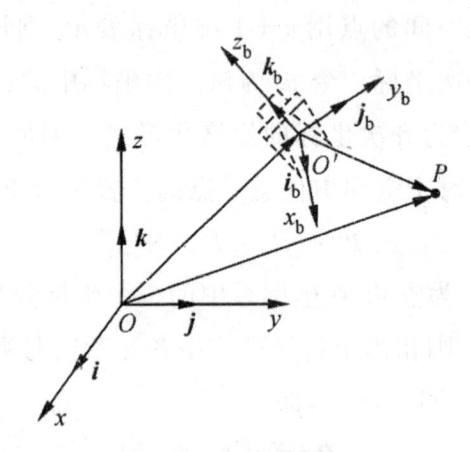

图 3-2 坐标变换

$$\overrightarrow{OP}=\overrightarrow{OO'}+\overrightarrow{O'P}. \tag{3-4}$$

式中，$\overrightarrow{OP}=x\boldsymbol{i}+y\boldsymbol{j}+z\boldsymbol{k}$；$\overrightarrow{OO'}=x_0\boldsymbol{i}+y_0\boldsymbol{j}+z_0\boldsymbol{k}$；$\overrightarrow{O'P}=x_b\boldsymbol{i}_b+y_b\boldsymbol{j}_b+z_b\boldsymbol{k}_b$。将这三个式子代入式(3-4)并写成矩阵形式，得

$$[\boldsymbol{ijk}]\begin{bmatrix}x\\y\\z\end{bmatrix}=[\boldsymbol{ijk}]\begin{bmatrix}x_0\\y_0\\z_0\end{bmatrix}+[\boldsymbol{i}_b\ \boldsymbol{j}_b\ \boldsymbol{k}_b]\begin{bmatrix}x_b\\y_b\\z_b\end{bmatrix} \tag{3-5}$$

将式(3-2)代入式(3-5)，整理后得

$$\begin{bmatrix}x\\y\\z\end{bmatrix}=\begin{bmatrix}\boldsymbol{i}\cdot\boldsymbol{i}_b & \boldsymbol{i}\cdot\boldsymbol{j}_b & \boldsymbol{i}\cdot\boldsymbol{k}_b\\ \boldsymbol{j}\cdot\boldsymbol{i}_b & \boldsymbol{j}\cdot\boldsymbol{j}_b & \boldsymbol{j}\cdot\boldsymbol{k}_b\\ \boldsymbol{k}\cdot\boldsymbol{i}_b & \boldsymbol{k}\cdot\boldsymbol{j}_b & \boldsymbol{k}\cdot\boldsymbol{k}_b\end{bmatrix}\begin{bmatrix}x_b\\y_b\\z_b\end{bmatrix}+\begin{bmatrix}x_0\\y_0\\z_0\end{bmatrix} \tag{3-6}$$

进一步整理后写成

$$\boldsymbol{X}=\boldsymbol{R}\boldsymbol{X}_b+\boldsymbol{X}_0 \tag{3-7}$$

式中，$X=[x\ y\ z]^T$，$X_b=[x_b\ y_b\ z_b]^T$，$X_0=[x_0\ y_0\ z_0]^T$。$X_0$ 称为位置矩阵，表示动坐标系原点到固定坐标系原点之间的距离。式(3-7)称为坐标变换方程。

式(3-7)可以进一步表示为

$$X=TX_b \tag{3-8}$$

式中，$X$ 和 $X_b$ 称为点 P 的齐次坐标，$X=[x\ y\ z\ 1]^T$，$X_b=[x_b\ y_b\ z_b\ 1]^T$；$T=\begin{bmatrix} R & X_0 \\ 0 & 1 \end{bmatrix}$ 称为齐次坐标变换矩阵（Homogeneous Coordinate Transformation Matrix），其中包含了两级坐标变换之间的位置平移和角度旋转两方面信息。式(3-8)称为齐次坐标变换方程。

## 三、齐次坐标变换举例

### （一）平移坐标变换（translation）

将动坐标系相对固定坐标系平移$[x_0\ y_0\ z_0]$，则

$$R=\begin{bmatrix} 1 & 0 & 0 \\ 0 & 1 & 0 \\ 0 & 0 & 1 \end{bmatrix}$$

$$X_0=\begin{bmatrix} x_0 \\ y_0 \\ z_0 \end{bmatrix}$$

所以经平移坐标变换后的齐次坐标变换矩阵为

$$T=\text{Trans}(x_0,y_0,z_0)=\begin{bmatrix} 1 & 0 & 0 & x_0 \\ 0 & 1 & 0 & y_0 \\ 0 & 0 & 1 & z_0 \\ 0 & 0 & 0 & 1 \end{bmatrix} \tag{3-9}$$

## (二)旋转坐标变换(Rotation)

将动坐标系绕 $x$ 轴旋转 $\theta$ 角,按右手规则确定旋转方向,即 $\boldsymbol{X}_0 = [0\ 0\ 0]^T$。由式(3-3)和式(3-8)可得

$$\boldsymbol{R} = \begin{bmatrix} 1 & 0 & 0 \\ 0 & \cos\theta & -\sin\theta \\ 0 & \sin\theta & \cos\theta \end{bmatrix}$$

$$\boldsymbol{T} = \mathrm{Rot}(x,\theta) = \begin{bmatrix} 1 & 0 & 0 & 0 \\ 0 & \cos\theta & -\sin\theta & 0 \\ 0 & \sin\theta & \cos\theta & 0 \\ 0 & 0 & 0 & 1 \end{bmatrix} \tag{3-10}$$

同理,将动坐标系绕 $y$ 轴旋转 $\theta$ 角后所得的齐次坐标变换矩阵为

$$\boldsymbol{T} = \mathrm{Rot}(y,\theta) = \begin{bmatrix} \cos\theta & 0 & \sin\theta & 0 \\ 0 & 1 & 0 & 0 \\ -\sin\theta & 0 & \cos\theta & 0 \\ 0 & 0 & 0 & 1 \end{bmatrix} \tag{3-11}$$

将动坐标系绕 $z$ 轴旋转 $\theta$ 角后所得的坐标变换矩阵为

$$\boldsymbol{T} = \mathrm{Rot}(z,\theta) = \begin{bmatrix} \cos\theta & -\sin\theta & 0 & 0 \\ \sin\theta & \cos\theta & 0 & 0 \\ -\sin\theta & 0 & \cos\theta & 0 \\ 0 & 0 & 0 & 1 \end{bmatrix} \tag{3-12}$$

## (三)广义旋转坐标变换

绕经过坐标系原点的任一矢量 $\boldsymbol{K}$ 进行的旋转变换称为广义旋转变换,如图3-3所示。设 $\boldsymbol{K} = k_x \boldsymbol{i} + k_y \boldsymbol{j} + k_z \boldsymbol{k}$ 表示过原点的单位矢量,且 $k_x^2 + k_y^2 + k_z^2 = 1$,则将动坐标系绕矢量 $\boldsymbol{K}$ 旋转 $\theta$ 角后所得的齐次坐标变换矩阵为

$$T = \text{Rot}(\boldsymbol{K}, \theta)$$

$$= \begin{bmatrix} k_x k_x \text{Vers}\theta + c\theta & k_y k_x \text{Vers}\theta - k_z s\theta & k_z k_x \text{Vers}\theta + k_y s\theta & 0 \\ k_x k_y \text{Vers}\theta + k_z s\theta & k_y k_y \text{Vers}\theta + c\theta & k_z k_y \text{Vers}\theta - k_x s\theta & 0 \\ k_x k_z \text{Vers}\theta - k_y s\theta & k_y k_z \text{Vers}\theta + k_x s\theta & k_z k_z \text{Vers}\theta + c\theta & 0 \\ 0 & 0 & 0 & 1 \end{bmatrix}$$

(3-13)

式中，$s\theta = \sin\theta$；$c\theta = \cos\theta$；$\text{Vers}\theta = 1 - \cos\theta$。

当 $k_x = 1, k_y = k_z = 0$ 时，动坐标系绕 $x$ 轴旋转；当 $k_y = 1, k_x = k_z = 0$ 时，动坐标系绕 $y$ 轴旋转；当 $k_z = 1, k_x = k_y = 0$ 时，动坐标系绕 $z$ 轴旋转。广义旋转变换矩阵的主要作用在于，当给定任意绕坐标轴复合转动的变换矩阵为 $T$ 时，令 $T$ 与广义旋转变换矩阵相等，便可求得绕一等效轴旋转一等效转角的单一转动角。

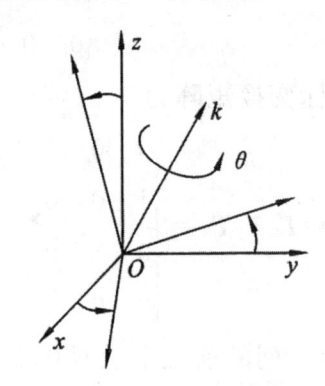

图 3-3　广义旋转坐标变换

## (四)综合坐标变换

例 3-1：设动坐标系 $\{O': u, v, w\}$ 与固定坐标系 $\{O: x, y, z\}$ 初始位置重合，经下列坐标变换：①绕 $z$ 轴旋转 90°；②绕 $y$ 轴旋转 90°；③相对于固定坐标系平移位置矢量 $4\boldsymbol{i} - 3\boldsymbol{j} + 7\boldsymbol{k}$。试求合成齐次坐标变换矩阵 $\boldsymbol{T}$。

解：动坐标系绕固定坐标系 $z$ 轴旋转 90°，其齐次坐标变换矩阵为

$$T_1 = \mathrm{Rot}(z, 90°) = \begin{bmatrix} 0 & -1 & 0 & 0 \\ 1 & 0 & 0 & 0 \\ 0 & 0 & 1 & 0 \\ 0 & 0 & 0 & 1 \end{bmatrix}$$

动坐标系再绕固定坐标系 $y$ 轴旋转 $90°$,其齐次变换矩阵为

$$T_2 = \mathrm{Rot}(y, 90°) = \begin{bmatrix} 0 & 0 & 1 & 0 \\ 0 & 1 & 0 & 0 \\ -1 & 0 & 1 & 0 \\ 0 & 0 & 0 & 1 \end{bmatrix}$$

动坐标系再平移 $4i - 3j + 7k$,有

$$T_3 = \mathrm{Trans}(4, -3, 7) = \begin{bmatrix} 1 & 0 & 0 & 4 \\ 0 & 1 & 0 & -3 \\ 0 & 0 & 1 & 7 \\ 0 & 0 & 0 & 1 \end{bmatrix}$$

所以合成齐次坐标变换矩阵为

$$T = T_3 T_2 T_1 = \begin{bmatrix} 0 & 0 & 1 & 4 \\ 1 & 0 & 0 & -3 \\ 0 & 1 & 0 & 7 \\ 0 & 0 & 0 & 1 \end{bmatrix}$$

物理意义:$T$ 中第一列的前三个元素 $0,1,0$ 表示动坐标系的 $u$ 轴在固定坐标系三个坐标轴上的投影,故 $u$ 轴平行于 $y$ 轴;$T$ 中第二列的前三个元素 $0,0,1$ 表示动坐标系的 $v$ 轴在固定坐标系三个坐标轴上的投影,故 $v$ 轴平行于 $z$ 轴;$T$ 中第三列的前三个元素 $1,0,0$ 表示动坐标系的 $w$ 轴在固定坐标系三个坐标轴上的投影,故 $w$ 轴平行于 $x$ 轴;$T$ 中第四列的前三个元素 $4,-3,7$ 表示动坐标系的原点与固定坐标系原点之间的距离。

上述例题坐标变换的几何表示,如图 3-4 所示。

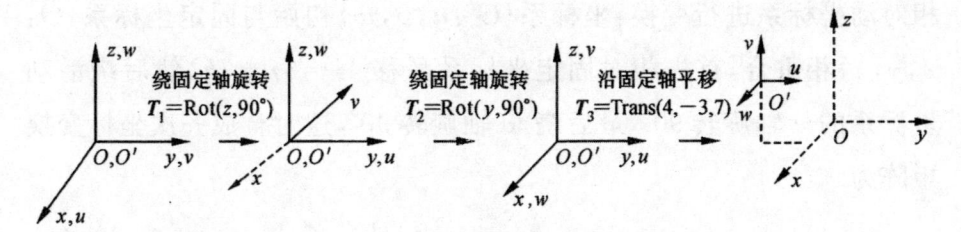

**图 3-4 坐标变换的几何表示**

如果一个矢量点 $U=7i+3j+2k$ 固定于动坐标系上,则任何时刻这个矢量在坐标系 $\{O':u,v,w\}$ 中的表达都是不变的,动坐标系经过上述变换后,在 $\{O:x,y,z\}$ 坐标系中表示为矢量 $X$,且:

$$X = TU = T_3 T_2 T_1 U = \text{Trans}(4,-3,7)\text{Rot}(y,90°)\text{Rot}(z,90°)U, \tag{3-14}$$

$$X = \begin{bmatrix} 0 & 0 & 1 & 4 \\ 1 & 0 & 0 & -3 \\ 0 & 1 & 0 & 7 \\ 0 & 0 & 0 & 1 \end{bmatrix} \begin{bmatrix} 7 \\ 3 \\ 2 \\ 1 \end{bmatrix} = \begin{bmatrix} 6 & 4 & 10 & 1 \end{bmatrix}^T \tag{3-15}$$

固定于动坐标系中矢量变换的几何表示,如图 3-5 所示。

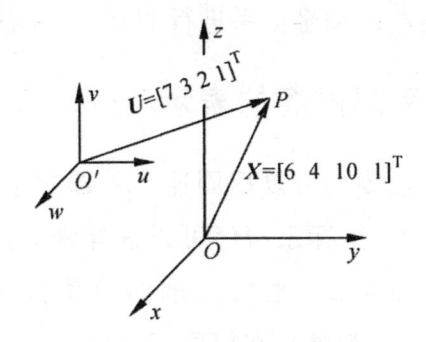

**图 3-5 矢量变换的几何表示**

这里尤其需要注意的是,变换次序不能随意调换,因为矩阵的乘法不满足交换律,如式(3-14)中,$\text{Trans}(4,-3,7)$ 同样 $\text{Rot}(y,90°)\text{Rot}(z,90°) \neq \text{Rot}(z,90°)\text{Rot}(y,90°)$。

上面所述的坐标变换每步都是相对固定坐标系进行的。也可以相对动坐标系进行变换:坐标系$\{O':u,v,w\}$初始与固定坐标系$\{O:x,y,z\}$相重合,首先相对固定坐标系平移$4i-3j+7k$,然后绕活动坐标系的$v$轴旋转$90°$,最后绕$w$轴旋转$90°$,这时合成齐次坐标变换矩阵为

$$T=T_1T_2T_3=\begin{bmatrix} 0 & 0 & 1 & 4 \\ 1 & 0 & 0 & -3 \\ 0 & 1 & 0 & 7 \\ 0 & 0 & 0 & 1 \end{bmatrix} \tag{3-16}$$

该式与前面的计算结果相同。变换的几何表示如图 3-6 所示。

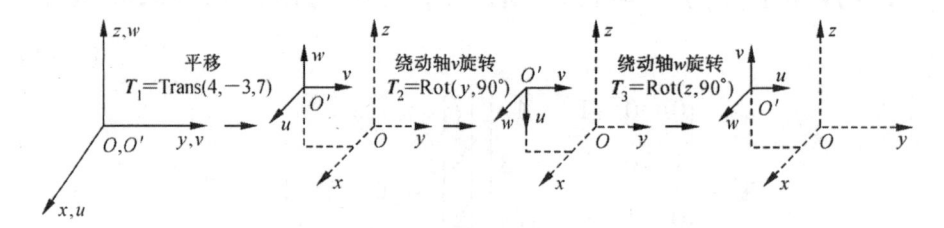

**图 3-6　绕动坐标系变换的几何表示**

结论:若每次的变换都是相对固定坐标系进行的,则矩阵左乘;若每次的变换都是相对动坐标系进行的,则矩阵右乘。

## 四、机器人手部位姿的表示

机器人手部的位姿也可以用固连于手部的坐标系$\{H\}$的位姿来表示,如图 3-7 所示。坐标系$\{H\}$可以这样来确定:取手部的中心点为原点 OH;关节轴为$z_H$轴($z_H$轴的单位方向矢量 **a** 称为接近(Approach)矢量,指向朝外),在抓取工件时,$z_H$轴逐步接近工件;两手指的横向连线为$y_H$轴($y_H$轴的单位方向矢量 **o** 称为定位(Orientation)矢量,指向可任意选定,但要符合右手法则),H 轴的指向确定了手部开口的方位;手部的垂直方向为$x_H$轴($x_H$轴的单位方向矢量 **n** 称为法向(Normal)矢量),$x_H$轴与$y_H$轴和$z_H$轴垂直,且 **n** = **o** × **a**,指向符合右手法则。

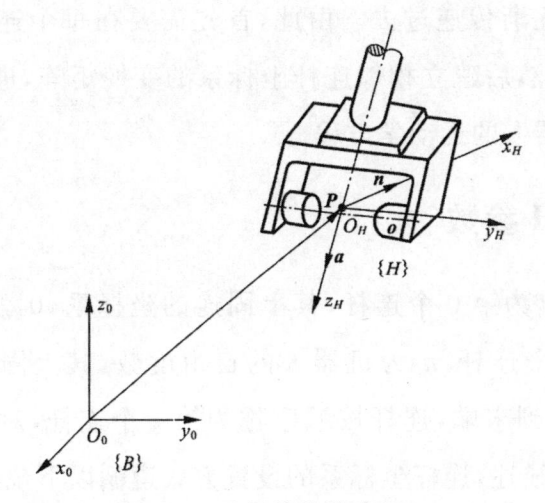

**图 3-7 手部的位姿表示**

手部的位置矢量由固定参考系$\{B\}$原点指向手部坐标系$\{H\}$原点的矢量 $P$，手部的方向矢量为 $n,o,a$。手部的位姿可用 $4\times 4$ 矩阵表示为

$$T=\begin{bmatrix} n & o & a & P \end{bmatrix}=\begin{bmatrix} n_x & o_x & a_x & p_x \\ n_y & o_y & a_y & p_y \\ n_z & o_z & a_z & p_z \\ 0 & 0 & 0 & 1 \end{bmatrix}.$$

## 第三节 运动学方程

建立机器人的运动学方程，即建立关节角度（或关节角速度）与末端位姿（或末端速度）的映射关系，是进行机器人应用开发的基础。工业机器人由一系列连杆通过关节顺次相连，机器人的运动由关节发出，经由连杆逐步从基座传递到末端，因而可通过控制关节运动来对末端工具的运动规律进行控制。

工业机器人是一个串联的结构，关节运动给末端位姿带来的影响通过连杆逐渐传递过去。由此,首先需要在每个连杆上固连一个连杆坐标系,然后建立相邻连杆坐标系的变换矩阵,进而通过变换的复合得到机器人的运动学方程。

## 一、D-H 参数

一般基座为第 0 个连杆,其上固连的坐标系$\{0\}$称为基坐标系。末端为第 $n$ 个连杆,$n$ 为机器人的自由度数,其上固连的坐标系为$\{n\}$。从基座到末端,连杆按顺序称为第 $i$ 个连杆,对应的坐标系为$\{i\}$。为方便描述,连杆坐标系的设置方式遵循以下规则:①坐标系的 $z$ 轴与关节的轴线共线,指向关节正向转动的方向;②$x$ 轴与当前关节轴线和下一个关节轴线的公垂线共线,指向下一个关节轴线;③原点位于公垂线的一个端点上。由此确定了关节坐标系,如图 3-8 所示。

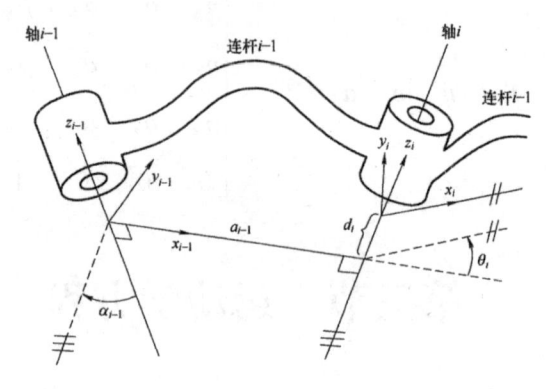

**图 3-8　连杆坐标系和 D-H(Denavit-Hartenberg)参数**

确定连杆坐标系后,得到 D-H 参数的 4 个参数:①$a_{i-1}$,关节 $i-1$ 和 $i$ 轴线的夹角;②$a_{i-1}$,关节 $i-1$ 和 $i$ 轴线的公垂线的长度;③$d_i$,公垂线另一端点与下一连杆坐标系原点之间的距离;④$\theta_i$,关节 $i$ 的转动角度。通过这 4 个参数,可描述相邻连杆坐标系的关系,即

$$_{i}^{i-1}\boldsymbol{T} = \begin{bmatrix} c(\theta_i) & -s(\theta_i) & 0 & a_{i-1} \\ s(\theta)_i c(a_{i-1}) & c(\theta)_i c(a_{i-1}) & -s(a_{i-1}) & -s(a_{i-1})d_i \\ s(\theta)_i s(a_{i-1}) & c(\theta)_i c(a_{i-1}) & c(a_{i-1}) & c(a_{i-1})d_i \\ 0 & 0 & 0 & 1 \end{bmatrix}$$

(3-17)

式中，$_{i}^{i-1}\boldsymbol{T} = \boldsymbol{R}_x(a_i-1)\boldsymbol{D}_x(a_i-1)\boldsymbol{R}_z(\theta_i)\boldsymbol{D}_z(d_i)$ 为从坐标系$\{i-1\}$到坐标系$\{i\}$的变换矩阵，这里

$$\boldsymbol{R}_x(a_{i-1}) = \begin{bmatrix} 1 & 0 & 0 & 0 \\ 0 & c(a_{i-1}) & -s(a_{i-1}) & 0 \\ 0 & s(a_{i-1}) & c(a_{i-1}) & 0 \\ 0 & 0 & 0 & 1 \end{bmatrix}$$

$$\boldsymbol{D}_x(a_{i-1}) = \begin{bmatrix} 1 & 0 & 0 & a_{i-1} \\ 0 & 1 & 0 & 0 \\ 0 & 0 & 1 & 0 \\ 0 & 0 & 0 & 1 \end{bmatrix}$$

$$\boldsymbol{R}_z(\theta_i) = \begin{bmatrix} c(\theta_i) & -s\theta_i & 0 & 0 \\ s\theta_i & c(\theta_i) & 0 & 0 \\ 0 & 0 & 1 & 0 \\ 0 & 0 & 0 & 1 \end{bmatrix}$$

$$\boldsymbol{D}_z(d_i) = \begin{bmatrix} 1 & 0 & 0 & 0 \\ 0 & 1 & 0 & 0 \\ 0 & 0 & 1 & d_i \\ 0 & 0 & 0 & 1 \end{bmatrix}$$

$_{i}^{i-1}\boldsymbol{T}$ 仅为关节角度的函数，其他两个参数固定不变，由机器人的结构决定。

## 二、运动学方程

如图 3-9 所示，可先建立工业机器人每个关节的坐标系，然后计

算出相邻连杆坐标系的变换矩阵,进而得到机器人末端与关节的对应关系,即运动学方程。

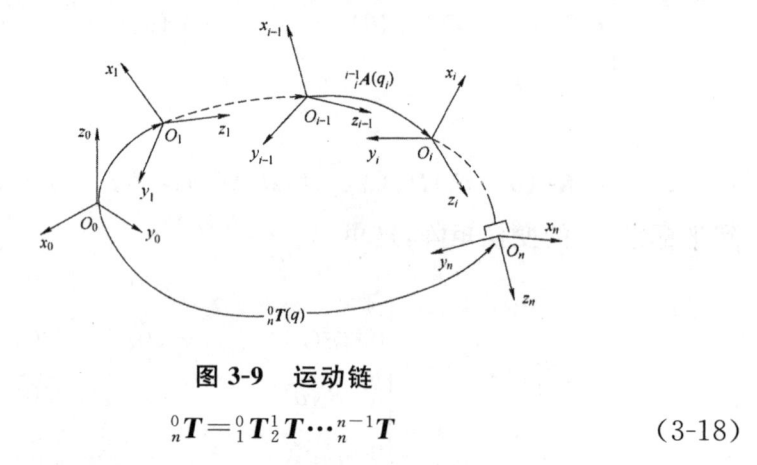

**图 3-9 运动链**

$$^0_nT = {}^0_1T\,{}^1_2T\cdots{}^{n-1}_nT \tag{3-18}$$

式中,$^0_nT$ 为末端坐标系相对于基坐标系的位姿矩阵。

# 第四节 机器人逆运动学

机器人的逆运动学问题是指已知末端执行器的位置和姿态,求解相应的关节变量。机器人运动学问题的难点在于如何快速求取运动学逆解。代数法和几何法属于封闭解法,计算速度快,一般可找到可能的逆解,但该类方法对机器人结构的限制较大。对于 6R 机器人,仅当其几何结构满足 Pieper 准则(机器人的三个相邻关节轴交于一点或三轴线平行)时,采用解析法才可求得其封闭解。

## 一、AUBO 机器人逆运动学的代数解法

### (一)建立连杆坐标系

AUBO 机器人有 6 个关节,建立各连杆的坐标系,如图 3-10 所示。AUBO 机器人的 D-H 参数见表 3-1。

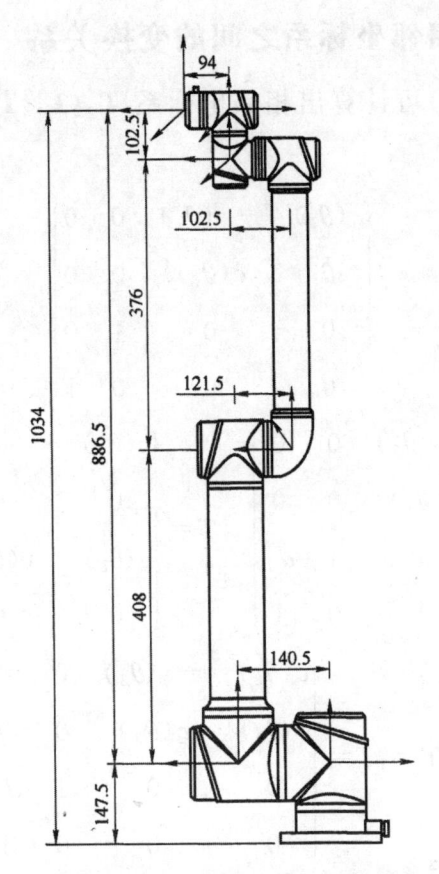

图 3-10　AUBO 机器人的坐标系系统(图中单位为 mm)

表 3-1　AUBO-i5 的 D-H 参数

| 序号 | $a_{i-1}$ | $a_{i-1}$ | $d_i$ | $\theta_i$ |
|---|---|---|---|---|
| 1 | 0 | 0 | $d_1$ | $\theta_1$ |
| 2 | 90° | 0 | $d_2$ | $\theta_2$ |
| 3 | 0 | $a_2$ | $d_3$ | $\theta_3$ |
| 4 | 0 | $a_3$ | $d_4$ | $\theta_4$ |
| 5 | −90° | 0 | $d_5$ | $\theta_5$ |
| 6 | 90° | 0 | $d_6$ | $\theta_6$ |

## (二)计算相邻坐标系之间的变换关系

根据式(3-17)可计算出相邻坐标系 $^0_1T, {}^1_2T, {}^2_3T, {}^3_4T, {}^4_5T$ 和 $^5_6T$ 之间的变换矩阵为

$$\begin{pmatrix} c(\theta_i) & -s(\theta_i) & 0 & 0 \\ s\theta_i & c(\theta_i) & 0 & 0 \\ 0 & 0 & 1 & 0 \\ 0 & 0 & 0 & 1 \end{pmatrix}$$

$$^0_1T = \begin{pmatrix} c(\theta_1) & -s(\theta_1) & 0 & 0 \\ s(\theta_1) & c(\theta_1) & 0 & 0 \\ 0 & 0 & 1 & d_1 \\ 0 & 0 & 0 & 1 \end{pmatrix}, \quad ^1_2T = \begin{pmatrix} c(\theta_2) & -s(\theta_2) & 0 & 0 \\ 0 & 0 & -1 & -d_2 \\ s(\theta_2) & c(\theta_2) & 1 & d_1 \\ 0 & 0 & 0 & 1 \end{pmatrix}$$

$$^2_3T = {}^0_1T = \begin{pmatrix} c(\theta_3) & -s(\theta_3) & 0 & 0 \\ s(\theta_3) & c(\theta_3) & 0 & 0 \\ 0 & 0 & 1 & d_3 \\ 0 & 0 & 0 & 1 \end{pmatrix}$$

$$^3_4T = \begin{pmatrix} c(\theta_4) & -s(\theta_4) & 0 & a_3 \\ s(\theta_4) & c(\theta_4) & 0 & 0 \\ 0 & 0 & 1 & d_4 \\ 0 & 0 & 0 & 1 \end{pmatrix}$$

$$^4_5T = \begin{pmatrix} c(\theta_5) & -s(\theta_5) & 0 & 0 \\ 0 & 0 & 1 & -d_5 \\ -s(\theta_5) & -c(\theta_5) & 0 & 0 \\ 0 & 0 & 0 & 1 \end{pmatrix}$$

$$^5_6T = \begin{bmatrix} c(\theta_6) & -s(\theta_6) & 0 & 0 \\ 0 & 0 & -1 & -d_6 \\ s(\theta_6) & c(\theta_6) & 0 & 0 \\ 0 & 0 & 0 & 1 \end{bmatrix} \quad (3\text{-}19)$$

因第 2、第 3 和第 4 个关节的轴线平行,可先将其变换矩阵写在一起,即

$$^1_4T = ^1_2T = ^2_3T = ^3_4T = \begin{bmatrix} c(\theta_2-\theta_3+\theta_4) & 0 & -s(\theta_2-\theta_3+\theta_4) & 0 \\ 0 & 1 & 0 & 0 \\ s(\theta_2-\theta_3+\theta_4) & 0 & c(\theta_2-\theta_3+\theta_4) & n \\ 0 & 0 & 0 & 1 \end{bmatrix}$$

$$(3\text{-}20)$$

式中,

$$\begin{cases} m = (l_1+l_3+l_5)s(\theta_2-\theta_3) - l_5 s(\theta_2-\theta_3) - l_3 s(\theta_2) \\ n = -(l_1+l_3+l_5)c(\theta_2-\theta_3) + l_5 c(\theta_2-\theta_3) + l_3 c(\theta_2) + l_1 \end{cases}$$

$$(3\text{-}21)$$

将 $^4_5T$ 和 $^5_6T$ 合并到一起,可得

$$^4_6T = ^4_5T ^5_6T = \begin{bmatrix} c(\theta_2)c(\theta_6) & 0 & -c(\theta_5)s(\theta_6) & u \\ s(\theta_5)c(\theta_6) & c(\theta_5) & -s(\theta_5)s(\theta_6) & v \\ s(\theta_6) & 0 & c(\theta_5) & w \\ 0 & 0 & 0 & 1 \end{bmatrix} \quad (3\text{-}22)$$

式中,

$$\begin{cases} u = (l_1+l_3+l_5+l_7)c(\theta_5)s(\theta_6) - (l_2-l_4+l_6)s(\theta_5) \\ v = -(l_1+l_3+l_5+l_7)s(\theta_5 s(\theta_6) - l_5(l_2-l_4+l_6)[1-c(\theta_5)] \\ w = (l_1+l_3+l_5+l_7)[1-c(\theta_6)] \end{cases}$$

$$(3\text{-}23)$$

### (三)建立运动学方程

获得每个相邻连杆坐标系之间的变换矩阵后,可得到整个机械臂的运动学方程,即

$$
{}^0_6T = {}^0_1T(\theta_1){}^1_4T(\theta_2,\theta_3,\theta_4){}^4_6T(\theta_5,\theta_6)
$$

$$
= \begin{bmatrix} r_{11} & r_{12} & r_{13} & p_x \\ r_{21} & r_{22} & r_{23} & p_y \\ r_{31} & r_{32} & r_{33} & p_z \\ 0 & 0 & 0 & 1 \end{bmatrix} \tag{3-24}
$$

式中,矩阵各元素为

$$
\begin{cases}
r_{11}=c(\theta_1)c(\theta_2-\theta_3+\theta_4)c(\theta_5)c(\theta_6)-c(\theta_1)s(\theta_2-\theta_3+\theta_4)s(\theta_6)-\\
\quad s(\theta_1)s(\theta_5)c(\theta_6)\\
r_{12}=-c(\theta_1)c(\theta_2-\theta_3+\theta_4)s(\theta_5)-s(\theta_1)c(\theta_5)\\
r_{13}=-c(\theta_1)c(\theta_2-\theta_3+\theta_4)c(\theta_5)s(\theta_6)-c(\theta_1)s(\theta_2-\theta_3+\theta_4)c(\theta_6)+\\
\quad s(\theta_1)s(\theta_5)s(\theta_6)\\
r_{21}=s(\theta_1)c(\theta_2-\theta_3+\theta_4)c(\theta_5)c(\theta_6)-s(\theta_1)s(\theta_2-\theta_3+\theta_4)s(\theta_6)+\\
\quad c(\theta_1)s(\theta_5)c(\theta_6)\\
r_{22}=-s(\theta_1)c(\theta_2-\theta_3+\theta_4)s(\theta_5)+c(\theta_1)c(\theta_5)\\
r_{23}=-s(\theta_1)c(\theta_2-\theta_3+\theta_4)c(\theta_5)s(\theta_6)-s(\theta_1)s(\theta_2-\theta_3+\theta_4)c(\theta_6)-\\
\quad c(\theta_1)s(\theta_5)s(\theta_6)\\
r_{31}=s(\theta_2-\theta_3+\theta_4)c(\theta_5)c(\theta_6)-c(\theta_2-\theta_3+\theta_4)s(\theta_6)\\
r_{32}=-s(\theta_2-\theta_3+\theta_4)s(\theta_5)\\
r_{33}=-s(\theta_2-\theta_3+\theta_4)c(\theta_5)s(\theta_6)+c(\theta_2-\theta_3+\theta_4)c(\theta_6)\\
p_x=uc(\theta_1)c(\theta_2-\theta_3+\theta_4)-vs(\theta_1)-wc(\theta_1)s(\theta_2-\theta_3+\theta_4)w+mc(\theta_1)\\
p_y=us(\theta_1)c(\theta_2-\theta_3+\theta_4)+vc(\theta_1)-ws(\theta_1)-ws(\theta_1)s(\theta_2-\theta_3+\theta_4)w+\\
ms(\theta_1)p_z=us(\theta_2-\theta_3+\theta_4)+wc(\theta_2-\theta_3+\theta_4)+n
\end{cases}
$$

## (四)求 $\theta_1$

将式(3-22)中的 $u$、$v$ 和 $w$ 代入式(3-24)中,得到末端位置的完整表达式

$$\begin{cases} p_{A,x} = (l_2 - l_4 + l_6)s(\theta_1) - (l_3 s(\theta_2) + l_5 s(\theta_2 - \theta_3) + \\ \qquad\qquad l_7 s(\theta_2 - \theta_3 + \theta_4))c(\theta_1) \\ p_{A,y} = -(l_2 - l_4 + l_6)c(\theta_1) - [l_3 s(\theta_2) + l_5 s(\theta_2 - \theta_3) + \\ \qquad\qquad l_7 s(\theta_2 - \theta_3 + \theta_4)]s(\theta_1) \\ p_{A,z} = l_1 + l_3 c(\theta_2) + l_5 c(\theta_2 - \theta_3) + l_7 c(\theta_2 - \theta_3 + \theta_4) \end{cases}$$

(3-25)

已知末端的位置和姿态,以及 D-H 的参数 $l_8$,辅助点 A 的位置可通过式(3-26)计算出

$$p_A = p_{ee} - d_8 Z_{ee} = \begin{Bmatrix} x_A \\ y_A \\ z_A \end{Bmatrix}$$

(3-26)

取式(3-25)和式(3-26)的 $x$、$y$ 坐标,联立方程组

$$\begin{cases} as(\theta_1) - bc(\theta_1) = x_A \\ -ac(\theta_1) - bs(\theta_1) = y_A \end{cases}$$

(3-27)

式中,$a = l_2 - l_4 + l_6$,$b = l_3 s(\theta_2) + l_5 s(\theta_2 - \theta_3) + l_7 s(\theta_2 - \theta_3 + \theta_4)$。$a$ 已知,仅由结构参数决定,$b$ 可通过三角函数求出。式(3-27)中两个方程左右两边平方后相加可得 $a$ 和 $b$ 的关系为

$$b = \pm\sqrt{-a^2}$$

(3-28)

得到 $a$ 和 $b$ 后,由式(3-27)可计算出 $\theta_1$

$$\theta_1 = \arctan\left[\frac{ax_A - by_A}{a^2 + b^2}, \frac{bx_A - ay_A}{a^2 + b^2}\right]$$

(3-29)

## （五）求 $\theta_5$

$$\begin{cases} p_x = [l_8 s(\theta_5)c(\theta_2-\theta_3+\theta_4) - l_5 s(\theta_2-\theta_3) - l_3 s(\theta_2) - \\ \quad l_7 s(\theta_2-\theta_3+\theta_4)]c(\theta_1) + [l_2 - l_4 + l_6 + l_8 c(\theta_5)]s(\theta_1) \\ p_y = [l_8 s(\theta_5)c(\theta_2-\theta_3+\theta_4) - l_5 s(\theta_2-\theta_3) - l_3 s(\theta_2) - \\ \quad l_7 s(\theta_2-\theta_3+\theta_4)]s(\theta_1) - [l_2 - l_4 + l_6 + l_8 c(\theta_5)]c(\theta_1) \\ p_z = l_1 + l_3 c(\theta_2) + l_5 c(\theta_2-\theta_3) + l_7 c(\theta_2-\theta_3+\theta_4) + \\ \quad l_8 s(\theta_5)s(\theta_2-\theta_3+\theta_4) \end{cases}$$

(3-30)

注意到式(3-30)中 $p_x$ 和 $p_y$ 表达式的结构相似,可通过消项得到 $\theta_5$ 的表达式,即

$$\theta_5 = \pm \arccos\left\{\frac{1}{l_8}[xs(\theta_1) - yc(\theta_1) - (l_2 - l_4 + l_6)]\right\} \quad (3-31)$$

将式(3-29)的 $\theta_1$ 代入式(3-31),即可求出 $\theta_5$。

## （六）求 $\theta_6$

$\theta_6$ 影响末端的位姿,需用位姿矩阵求解 $\theta_6$,位姿矩阵中各个元素为

$$\begin{cases} r_{11} = -c(\theta_1)s(\theta_2-\theta_3+\theta_4)c(\theta_5)s(\theta_6) + [c(\theta_1)c(\theta_5)c(\theta_2-\theta_3+\theta_4) - \\ \quad s(\theta_1)s(\theta_5)]c(\theta_6) \\ r_{21} = -s(\theta_1)s(\theta_2-\theta_3+\theta_4)s(\theta_6) + [s(\theta_1)c(\theta_5)c(\theta_2-\theta_3+\theta_4) + \\ \quad c(\theta_1)s(\theta_5)]c(\theta_6) \\ r_{12} = -c(\theta_1)s(\theta_2-\theta_3+\theta_4)c(\theta_6) + [-c(\theta_1)c(\theta_5)c(\theta_2-\theta_3+\theta_4) + \\ \quad s(\theta_1)s(\theta_5)]c(\theta_6) \\ r_{22} = -s(\theta_1)s(\theta_2-\theta_3+\theta_4)c(\theta_6) + [-s(\theta_1)c(\theta_5)c(\theta_2-\theta_3+\theta_4) - \\ \quad c(\theta_1)s(\theta_5)]c(\theta_6) \end{cases}$$

(3-32)

根据式(3-32),乘以 $s(\theta_1)$ 或 $c(\theta_1)$,消去 $s(\theta_2-\theta_3+\theta_4)$ 和 $c(\theta_2-\theta_3+\theta_4)$,得到

$$\begin{cases} s(\theta_5)s(\theta_6)=s(\theta_1)r_{12}-c(\theta_1)r_{22} \\ s(\theta_5)c(\theta_6)=c(\theta_1)r_{21}-s(\theta_1)r_{11} \end{cases}$$

$$\theta_6=\arctan\left[\frac{s(\theta_1)r_{12}-c(\theta_1)r_{22}}{s(\theta_5)},\frac{c(\theta_1)r_{21}-s(\theta_1)r_{11}}{s(\theta_5)}\right] \quad (3-33)$$

### (七)求 $\theta_{234}$

求出 $\theta_1$、$\theta_5$ 和 $\theta_6$ 后,可将其代入运动学方程(3-18)中,求出 $\theta_2$、$\theta_3$ 和 $\theta_4$ 组合在一起的一个方程,即

$$^1_4\boldsymbol{T}(\theta_2,\theta_3,\theta_4)^0_1\boldsymbol{T}^{-1}(\theta_1)^0_6\boldsymbol{T}^4_6\boldsymbol{T}^{-1}(\theta_5,\theta_6)$$

$$=\begin{bmatrix} c(\theta_2-\theta_3+\theta_4) & 0 & -s(\theta_2-\theta_3+\theta_4) & m \\ 0 & 1 & 0 & 0 \\ s(\theta_2-\theta_3+\theta_4) & 0 & c(\theta_2-\theta_3+\theta_4) & n \\ 0 & 0 & 0 & 1 \end{bmatrix} \quad (3-34)$$

因此,$\theta_{234}=\theta_2-\theta_3+\theta_4$ 可利用式(3-32)位姿矩阵中的元素求出

$$\theta_{234}=\arctan(-r_{234,13},r_{234,11}) \quad (3-35)$$

式中,$r_{234,11}$ 和 $-r_{234,13}$ 分别为矩阵 $^0_1\boldsymbol{T}^{-1}(\theta_1)^0_6\boldsymbol{T}^4_6\boldsymbol{T}^{-1}(\theta_5,\theta_6)$ 的第(1,1)和(1,3)个元素。

### (八)求 $\theta_3$

进一步由 $^1_4\boldsymbol{T}(\theta_2,\theta_3,\theta_4)$ 的平移部分,可得到 $\theta_2$ 和 $\theta_3$ 的表达式,即有

$$\begin{cases} l_5s(\theta_2-\theta_3)+l_3s(\theta_2)=-p_{234,x}+(l_1+l_3+l_5)s(\theta_2-\theta_3+\theta_4) \\ l_5c(\theta_2-\theta_3)+l_3c(\theta_2)=-p_{234,z}+(l_1+l_3+l_5)c(\theta_2-\theta_3+\theta_4)-l_1 \end{cases}$$
$$(3-36)$$

式中,$p_{234,x}$ 和 $p_{234,z}$ 分别为矩阵 $^0_1\boldsymbol{T}^{-1}(\theta_1)^0_6\boldsymbol{T}^4_6\boldsymbol{T}^{-1}(\theta_5,\theta_6)$ 的第(1,4)和(3,4)个元素。式(3-34)左右两侧平方后相加可得

$$\theta_3=\pm\arccos\left[\frac{m_3^2+n_3^2-(l_5^2+l_3^2)}{2l_3l_5}\right] \quad (3-37)$$

式中,

$$\begin{cases} m_3 = -p_{234,x} + (l_1+l_3+l_5)s(\theta_2-\theta_3+\theta_4) \\ n_3 = -p_{234,z} + (l_1+l_3+l_5)c(\theta_2-\theta_3+\theta_4) - l_1 \end{cases} \quad (3-38)$$

## (九) 求 $\theta_2$

将 $\theta_3$ 代入式(3-36)中,可求出 $\theta_2$,有

$$\theta_2 = \pm\arccos\left\{\frac{m_3[l_3+l_5c(\theta_3)]+n_3l_5s(\theta_2)}{[l_3+l_5c(\theta_3)]^2+[l_5s(\theta_3)]^2}\right.$$
$$\left.\frac{-m_3l_5s(\theta_2)+n_3[l_3+l_5c(\theta_3)]}{(l_3+l_5c(\theta_3))^2+(l_5s(\theta_3))^2}\right\} \quad (3-39)$$

## (十) 求 $\theta_4$

获得 $\theta_2$ 和 $\theta_3$ 后,可计算出仅与 $\theta_4$ 有关的变换矩阵 $^3_4\boldsymbol{T}(\theta_4)$,有

$$^3_4\boldsymbol{T}(\theta_4) = [^1_2\boldsymbol{T}(\theta_2)^2_3\boldsymbol{T}(\theta_3)]^{-1}\,^1_4\boldsymbol{T}(\theta_2,\theta_3,\theta_4) = \begin{bmatrix} c(\theta_4) & -s(\theta_4) & 0 & a_3 \\ s(\theta_4) & c(\theta_4) & 0 & 0 \\ 0 & 0 & 1 & d_4 \\ 0 & 0 & 0 & 1 \end{bmatrix}$$

$$(3-40)$$

则 $\theta_4$ 为

$$\theta_4 = \arctan(-r_{4,12}, r_{4,11}) \quad (3-41)$$

式中,$r_{4,11}$ 和 $r_{4,12}$,分别为矩阵 $[^1_2\boldsymbol{T}(\theta_2)^2_3\boldsymbol{T}(\theta_3)]^{-1}\,^1_4\boldsymbol{T}(\theta_2,\theta_3,\theta_4)$ 的第 (1,1) 和 (1,2) 个元素。

## 二、AUBO 机器人逆运动学的几何解法

### (一) 求 $\theta_1$

如图 3-11 所示,第 5 个坐标系 {5} 的原点相对于基坐标系 {0} 的位置为 $^0_5P$,$^0_5P$ 也可由坐标系 {6} 沿着坐标轴 $z_6$ 平移过来。因为已知末端坐标系的位姿,所以,$^0_6T$ 及平移量已知,可先将坐标系 {5} 的原点位置确定下来,这个解一定既满足位置要求也满足位姿要求,即

$$^0_5P = ^0_6P - d^0_6Z_6. \quad (3-42)$$

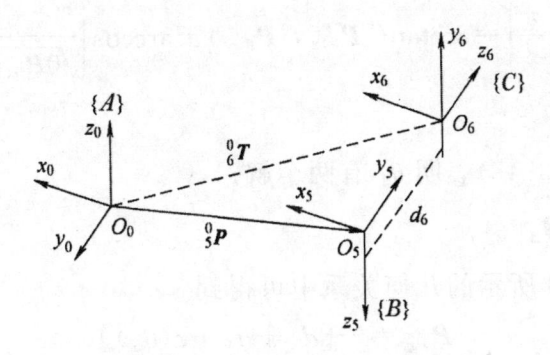

**图 3-11 坐标系{5}的位置**

求 $\theta_1$。从 $z_0$ 往下看，即投影到 $O_0 x_0 y_0$ 平面上，如图 3-12 所示。$\theta_1$ 实际上是坐标系{0}到坐标系{1}的转换角度，等于 $x_0$ 与 $^0P_{5,xy}$ 的夹角 $\varphi_1$ 加上 $^0P_{5,xy}$ 与 $x_1$ 的夹角，即

$$\theta_1 = \varphi_1 + \left(\varphi_2 + \frac{\pi}{2}\right) \tag{3-43}$$

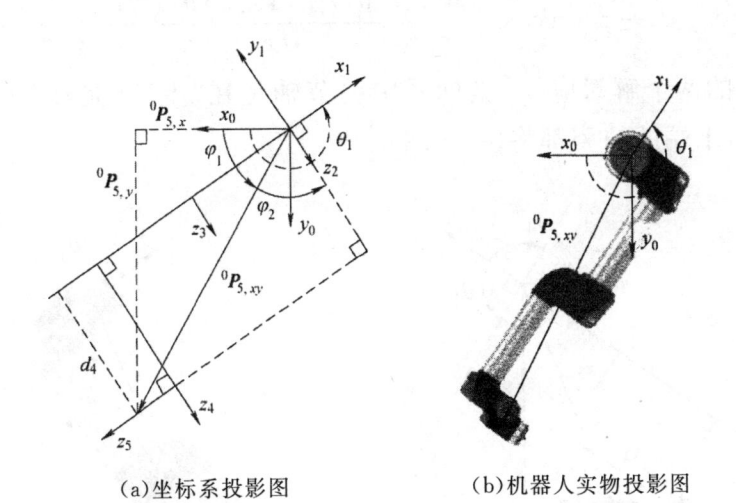

(a)坐标系投影图　　(b)机器人实物投影图

**图 3-12 坐标系{5}在 $O_0 x_0 y_0$ 平面上的投影**

式中，$\varphi_1 = \arctan(^0P_{5,x}, {}^0P_{5,y})$；$\varphi_2$ 为 $^0P_{5,xy}$ 与 $-y_1$ 的夹角，

$$\varphi_2 = \pm \arccos\left(\frac{d_4}{\sqrt{^0\boldsymbol{P}_{5,xy}^2 {}^0\boldsymbol{P}_{5,xy'}^2}}\right) \tag{3-44}$$

由此可解出 $\theta_1$ 为

$$\theta_1 = \varphi_1 + \left(\varphi_2 + \frac{\pi}{2}\right) = \arctan({}^0\boldsymbol{P}_{5,x}, {}^0\boldsymbol{P}_{5,y}) \pm \arccos\left[\frac{d_4}{\sqrt{0\boldsymbol{P}_{5,xy}^2 0\boldsymbol{P}_{5,xy'}^2}}\right] + \frac{\pi}{2} \tag{3-45}$$

因此，式(3-43)表明 $\theta_1$ 有两个解。

### （二）求 $\theta_5$

从图 3-13 所示的几何关系中可得到

$$^1\boldsymbol{P}_{6,y} = -[d_4 + d_6 + c(\theta_5)] \tag{3-46}$$

式中，$^1\boldsymbol{P}_{6,y}$ 为坐标系{6}的原点相对于坐标系{1}的位置向量在 $y$ 轴方向上的位置。由于
$^0\boldsymbol{P}_6 = {}_1^0R\,{}^1\boldsymbol{P}_6$，故 $^1\boldsymbol{P}_6 = {}_1^0R^{-1}\,{}^0\boldsymbol{P}_6$，将 $\theta_1$ 代入可得

$$^1\boldsymbol{P}_{6,y} = -{}^0\boldsymbol{P}_{6,x}s(\theta_1) + {}^0\boldsymbol{P}_{6,y}c(\theta_1) \tag{3-47}$$

由式(3-46)得到 $-d_4 - d_6 c(\theta_5) = -{}^0\boldsymbol{P}_{6,x}s(\theta_1) + {}^0\boldsymbol{P}_{6,y}c(\theta_1)$，再联立式(3-47)可得到

$$\theta_5 = \pm \arccos\left[\frac{0\boldsymbol{P}_{6,x}s(\theta_1) + 0\boldsymbol{P}_{6,y}c(\theta_1) - d_4}{d_6}\right] \tag{3-48}$$

$\theta_5$ 的两个解对应{5}坐标系中关节轴是在"上"还是在"下"。无论上下，末端的位姿都将由 $\theta_6$ 纠正。

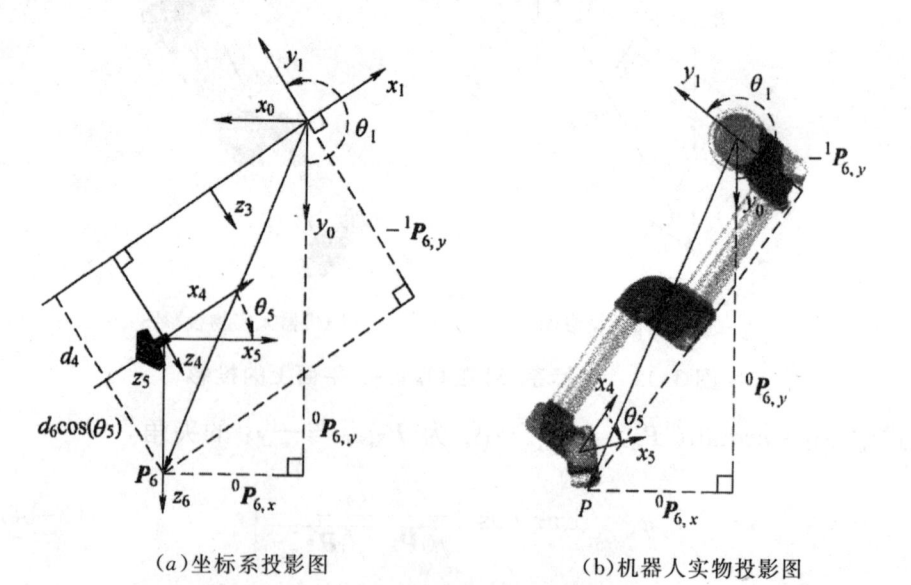

（a）坐标系投影图　　　（b）机器人实物投影图

图 3-13　从坐标系{5}看坐标系{6}

## (三) 求 $\theta_6$

为简化表达,图 3-14 中将 $^6\hat{Y}_1$ 表示为 $y_1$,$^6\hat{Y}_1$ 与方位角 $\theta_5$ 和 $\theta_6$ 的关系为

$$\hat{Y}_1 = \begin{bmatrix} -s(\theta_5)c(\theta_6) \\ s(\theta_5)c(\theta_6) \\ -c(\theta_5) \end{bmatrix} \tag{3-49}$$

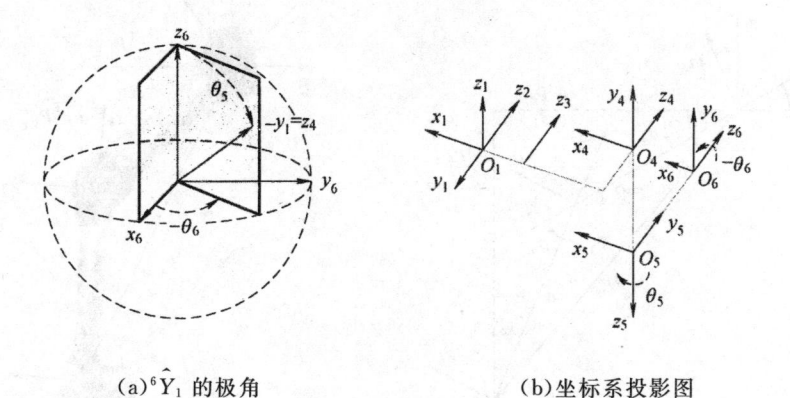

(a) $^6\hat{Y}_1$ 的极角          (b) 坐标系投影图

**图 3-14** $^6\hat{Y}_1$ 在球面坐标系中的方位角

式(3-49)中,若单独考虑 $\theta_6$,$\theta_6$ 可由 $^6_1T$ 表达,则需要一个从 $^6_1T$ 来并包含 $\theta_6$ 的表达式。由向量 $^6\hat{Y}_1$ 与 $^6\hat{X}_0$ 和 $^6\hat{Y}_0$ 的关系 $^6\hat{Y}_1 = {^6\hat{X}_0}s(\theta_1) + {^6\hat{Y}_0}c(\theta_1)$ 得,

$$^6\hat{Y}_1 = \begin{bmatrix} -{^6\hat{X}_{0,x}}s(\theta_1) + {^6\hat{Y}_{0,x}}c(\theta_1) \\ -{^6\hat{X}_{0,y}}s(\theta_1) + {^6\hat{Y}_{0,y}}c(\theta_1) \\ -{^6\hat{X}_{0,z}}s(\theta_1) + {^6\hat{Y}_{0,z}}c(\theta_1) \end{bmatrix} \tag{3-50}$$

取式(3-49)和(式3-50)中 $^6\hat{Y}_1$ 的前两项得到方程组后解出

$$\theta_6 = \arctan\left[-{^6\hat{X}_{0,y}}s(\theta_1) + {^6\hat{Y}_{0,y}}c(\theta_1)/s(\theta_5),\right.$$
$$\left. -{^6\hat{X}_{0,x}}s(\theta_1) + {^6\hat{Y}_{0,x}}c(\theta_1)/s(\theta_5)\right] \tag{3-51}$$

从式(3-51)可看出 $s(\theta_5)$ 不能为零,若为零,则无法求出 $\theta_6$。当

$s(\theta_5)=0$ 时,关节轴 2、3、4 和 6 平行,这表示自由度出现了冗余,有无穷多组解。

## (四)求 $\theta_3$

剩下的三个关节{2,3,4}的旋转轴平行,可把其看成 3R 的平面机械臂,如图 3-15 所示。

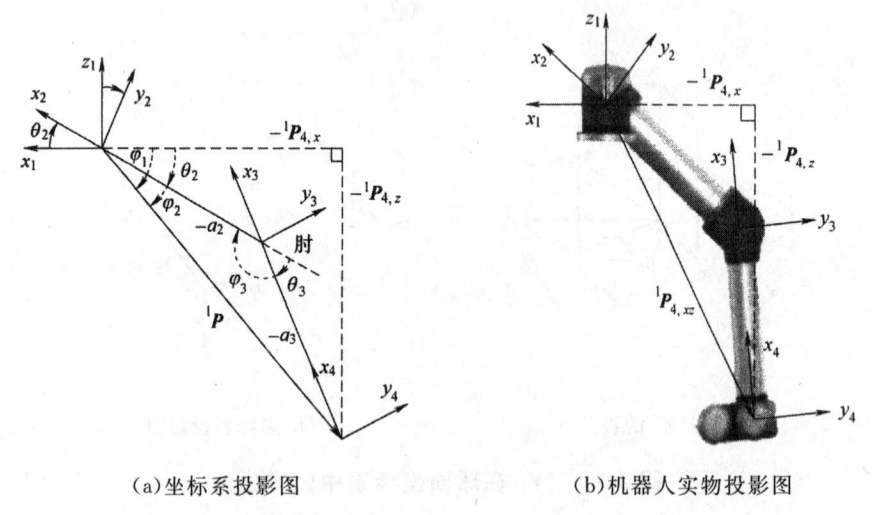

(a)坐标系投影图  (b)机器人实物投影图

**图 3-15 第三个关节的角度**

因 $^0_1T$、$^4_5T$ 和 $^5_6T$ 已经求出,此时只需关注坐标系{1}相对坐标系{4}的变换矩阵 $^1_4T$。$^1_4T$ 表示的变换在图 3-15(a)坐标系{1}的 $OXZ$ 平面中示出。从图中可看出长度仅由 $\theta_3$ 确定,或由其补角 $\varphi_3$ 确定。根据余弦定理 $2a_2a_3c(\varphi_3)=a_2^2+a_2^3-|\boldsymbol{P}_{4,xz}|^2$ 可得 $\varphi_3$ 为

$$\varphi_3 = \pm \arccos\left[\frac{a_2^2+a_2^3-|\boldsymbol{P}_{4,xz}|^2}{2a_2a_3}\right] \qquad (3\text{-}52)$$

则 $\theta_3$ 为

$$\theta_3 = \pi - \varphi_3 = \pi \pm \arccos\left[\frac{a_2^2+a_2^3-|\boldsymbol{P}_{4,xz}|^2}{2a_2a_3}\right] \qquad (3\text{-}53)$$

## (五)求 $\theta_2$

由图 3-15(a)可知,$\theta_2=\varphi_1-\varphi_2$,则 $\varphi_1$ 和 $\varphi_2$ 分别为

$$\begin{cases} \varphi_1 = \arctan(-1\boldsymbol{P}_{4,z}, -1\boldsymbol{P}_{4,x}) \\ \varphi_2 = \arcsin\left[\dfrac{-a_3 s(\varphi_3)}{|1\boldsymbol{P}_{4,xz}|}\right] \end{cases} \quad (3\text{-}54)$$

则 $\theta_2$ 为

$$\theta_2 = \arctan(-1\boldsymbol{P}_{4,z}, -1\boldsymbol{P}_{4,x}) - \arcsin\left[\dfrac{-a_3 s(\varphi_3)}{|1\boldsymbol{P}_{4,xz}|}\right] \quad (3\text{-}55)$$

## (六) 求 $\theta_2$

因其他关节角已求出，最后 $\theta_4$ 的值就很容易求解，只需获得其所对应变换矩阵 ${}^3_4\boldsymbol{T}$ 的第 $(1,1)$ 和 $(1,2)$ 两个元素即可，于是有

$$\theta_4 = \arctan({}^3\hat{X}_{4,y}, {}^3\hat{X}_{4,x}). \quad (3\text{-}56)$$

至此，最多可求出 8 组解：$2\theta_1 \times 2\theta_5 \times \theta_6 \times 2\theta_3 \times \theta_2 \times \theta_4$。

# 第四章 工业机器人控制系统

## 第一节 工业机器人控制技术概述

### 一、工业机器人控制系统的基本原理

机器人的控制系统可以分成4个部分：机器人及其感知器、环境、任务、控制器。机器人是由各种机构组成的装置，它通过感知器实现本体和环境状态的检测及信息互换，也是控制的最终目标；环境是指机器人所处的周围环境，包括几何条件、相对位置等，如工件的形状、位置、障碍物、焊接的几何偏差等；任务是指机器人要完成的操作，它要用适当的程序语言来描述，并把它们存入控制器中，随着系统的不同，任务的输入可能是程序方式、文字、图形或声音方式等；控制器包括软件和硬件两大部分，相当于人的大脑，它是以计算机或者专用控制器运行程序的方式来完成给定任务的。为实现具体作业的运动控制，还需要相应地用机器人语言开发用户程序。

为使工业机器人能够按照要求完成特定的作业任务，其控制系统需完成以下4个过程。

#### （一）示教过程

通过工业机器人计算机系统可以接受的方式，告诉工业机器人去做什么，给工业机器人下达作业命令。

## (二)计算与控制过程

负责工业机器人整个系统的管理、信息的获取与处理、控制策略的定制及作业轨迹的规划。这是工业机器人控制系统的核心部分。

## (三)伺服驱动过程

根据不同的控制算法,将工业机器人的控制策略转化为驱动信号、驱动伺服电机等部分,实现工业机器人的高速、高精度运动,以便完成指定的作业。

## (四)传感与检测过程

通过传感器的反馈,保证工业机器人正确地完成指定作业,同时将各种姿态信息反馈到工业机器人控制系统中,以便实时监控机器人整个系统的运行情况。

要想工业机器人能够顺畅完成以上控制过程,那么对工业机器人的控制系统就要提出一些具体要求,即要求其具备一定的基本功能。

(1)记忆功能。工业机器人的控制系统应当能够存储作业顺序、运动路径、运动方式、运动速度和生产工艺等相关的信息。

(2)示教功能。工业机器人的控制系统应当能够离线编程、在线示教、间接示教。其中,在线示教应当包括示教盒和导引示教两种。

(3)与外围设备联系功能。工业机器人的控制系统应当具备输入和输出接口、通信接口、网络接口、同步接口。

(4)坐标设置功能。工业机器人的控制系统应当具有关节、绝对、工具、用户自定义四种坐标系。

(5)人机接口功能。工业机器人的控制系统应当具有示教盒、操作面板和显示屏。

(6)传感器接口功能。工业机器人的控制系统应当具有位置检测、视觉检测、触觉检测、力觉检测等功能。

(7)位置伺服功能。工业机器人的控制系统应当具有多轴联动、运动控制、速度和加速度控制、动态补偿等功能。

(8)故障诊断安全保护功能。工业机器人的控制系统应当具有运行时系统状态监视、故障状态下的安全保护和故障的自诊断功能。

## 二、工业机器人控制系统的基本组成

工业机器人控制系统的基本组成,如图4-1所示。

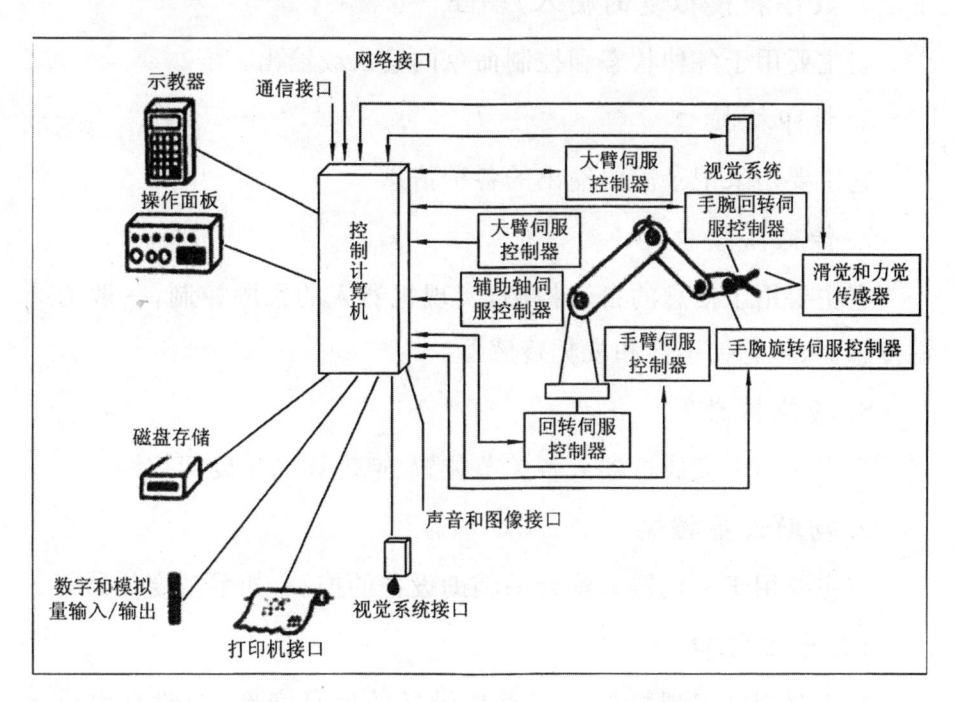

图4-1 工业机器人控制系统的基本组成

工业机器人控制系统的各部分功能与作用介绍如下:

1. 控制计算机

它是工业机器人控制系统的调度指挥机构,一般为微型机、微处理器(有32位、64位)等,如奔腾系列CPU及其他类型的CPU。

2. 示教器

它主要用来示教机器人的工作轨迹和参数设定,以及所有人机交互操作以拥有自己独立的 CPU 及存储单元,并与主计算机之间以串行通信方式实现信息交换。

3. 操作面板

它由各种操作按键、状态指示灯构成,只负责基本的功能操作。

4. 磁盘存储

它是用来存储机器人工作程序的外围存储器。

5. 数字和模拟量的输入/输出

它主要用于各种状态和控制命令的输入或输出。

6. 打印机接口

它主要用来记录需要输出的各种信息。

7. 传感器接口

它主要用于信息的自动检测,实现机器人的柔顺控制,一般为力觉传感器、触觉传感器和视觉传感器。

8. 轴控制器

它主要用来完成机器人各关节位置、速度和加速度的控制。

9. 辅助设备控制

它主要用于和机器人配合的辅助设备的控制,如手爪变位器等。

10. 通信接口

它主要用来实现机器人和其他设备的信息交换,一般有串行接口、并行接口等。

11. 网络接口

网络接口可分成两种:一为 Ethernet 接口,可通过因特网实现数台或单台机器人的直接 PC 通信,数据传输速率高达 10 Mbit/s,可直接在 PC 端用 Windows 库函数进行应用程序编程之后,支持 TCP/IP 通信协议,通过 Ethernet 接口将数据及程序装入各个机器人控制器中;二为 Fieldbus 接口,它支持多种流行的现场总线规格,如

Devicenet、AB Remote I/O、Interbus-s、profibus-DP、M-NET 等。

而工业机器人本体控制系统的基本单元又包括电动机、减速器、驱动电路、运动特性检测传感器、控制系统的硬件和软件。下面将对工业机器人本体控制的基本单元进行介绍。

(1)电动机。作为驱动机器人运动的驱动力,常见的有液压驱动、气压驱动、直流伺服电动机驱动、交流伺服电动机驱动和步进电动机驱动。随着驱动电路元件的性能提高,当前应用最多的是直流伺服电动机驱动和交流伺服电动机驱动。

(2)减速器。减速器是为了增加驱动力矩,降低运动速度。目前,机器人常采用的减速器有 RV 减速器和谐波减速器。

(3)驱动电路。由于直流伺服电动机或交流伺服电动机的流经电流比较大,一般为几安培到几十安培,所以机器人电动机的驱动需要使用大功率的驱动电路,为实现对电动机运动性能的控制,机器人常采用脉冲宽度调制(PWM)方式进行驱动。

(4)运动特性检测传感器。机器人运动特性传感器用于检测机器人运动的位置、速度、加速度等参数。

(5)控制系统的硬件。机器人控制系统是以计算机为基础的,其硬件系统采用二级结构,第一级为协调级,第二级为执行级。协调级实现对机器人各个关节的运动、机器人和外界环境的信息交换等功能;执行级能实现对机器人各关节的伺服控制,获得机器人内部的运动状态参数等功能。

(6)控制系统的软件。机器人控制系统软件能实现对机器人运动特性的计算、机器人的智能控制和机器人与人的信息交换等功能。

## 三、工业机器人控制系统的主要特点

工业机器人控制系统以机器人的单轴或多轴协调运动为控制目的,其控制结构要比一般自动机械的控制结构复杂得多。与一般伺

服控制系统或过程控制系统相比,工业机器人的控制系统具有如下特点:

(1)一个简单的机器人至少有3~5个自由度,比较复杂的机器人有十几个,甚至有几十个自由度。每个自由度一般包含一个伺服机构,它们协调起来,组成了一个多变量控制系统。

(2)传统的自动机械以自身的动作为控制重点,而工业机器人控制系统更看重机器人本身与操作对象的相互关系。例如,无论用多高的精度去控制机器人手臂,机器人手臂都首先要保证能够稳定夹持物体并顺畅操作该物体到达目标位置。

(3)工业机器人的状态和运动的数学模型是一个非线性模型,因此,控制系统本质上是一个非线性系统,仅仅用位置闭环是不够的,还要利用速度闭环,甚至加速度闭环。例如,机器人的结构、所用传动件、驱动件等都会引起系统的非线性。

(4)工业机器人通常是由多关节组成的一种结构体系,其控制系统因而也是一个多变量的控制系统。机器人各关节间具有耦合作用,具体表现为某一个关节的运动会对其他关节产生动力效应,即每一个关节都会受到其他关节运动所产生扰动的影响。

(5)工业机器人控制系统是一个时变系统,其动力学参数会随着机器人关节运动位置的变化而变化。

# 第二节 控制系统与控制方式

## 一、机器人控制系统的特点

机器人控制技术是在传统机械系统的控制技术的基础上发展起来的,这两种技术之间并无根本的不同,但由于机器人的结构是由连杆通过关节串联组成的空间开链机构,其各个关节的运动是独立的,为了实现末端点的运动轨迹,需要多关节的运动协调。因此,机器人的控制与机构运动学和动力学密切相关,而且机器人控制系统比普通的自动化设备控制系统复杂得多。

描述机器人动力学特性的动力学运动方程式,有

$$\tau = M(q)\ddot{q} + H(q,\dot{q}) + B\dot{q} + G(q) \tag{4-1}$$

式中,$M(q)$ 为惯性矩阵;$H(q,\dot{q})$ 为离心力和科里奥利力矢量;$B$ 为黏性摩擦因数矩阵;$G(q)$ 为重力矢量;$\tau = [\tau_1 \tau_2 \cdots \tau_n]^T$ 为关节驱动力矢量。

这里的惯性矩阵 $M(q)$ 由于各关节臂之间存在相互干涉问题,其对角线以外的元素不为零,而且各元素与关节角度成非线性关系,并随着机器人位姿的变化而变化。该运动方程式中的其他各项也都是如此。因此,机器人的运动方程式是非常复杂的非线性方程式。从动力学的角度出发,可知机器人控制系统具有以下特点。

(1)机器人控制系统本质上是一个非线性系统。引起机器人非线性的因素有很多,机器人的结构、传动件、驱动元件等都会引起系统的非线性。

(2)机器人控制系统是由多关节组成的一个多变量控制系统,且各关节间具有耦合作用,具体表现为某一个关节的运动会对其他关节产生动力效应,每一个关节都要受到其他关节运动产生的扰动。

(3)机器人控制系统是一个时变系统,其动力学参数随着关节运动位置的变化而变化。

总而言之,机器人控制系统是一个时变的、耦合的、非线性的多变量控制系统。由于它的特殊性,不能照搬经典控制理论和现代控制理论去进行解释。到目前为止,机器人控制理论还不完整、不系统,但发展速度很快,正在逐步走向成熟。

## 二、机器人的控制方式

根据不同的分类方法,机器人的控制方式可以划分为不同的类别。从总体上看,机器人的控制方式可以分为动作控制方式、示教控制方式。此外,机器人控制方式还有以下分类方法:按运动坐标控制的方式,可分为关节空间运动控制、直角坐标空间运动控制;按轨迹控制的方式,可分为点位控制和连续轨迹控制;按控制系统对工作环境变化的适用程度,可分为程序控制、适应性控制、人工智能控制;按运动控制的方式,可分为位置控制、速度控制、力(力矩)控制(包含位置/力混合控制)。下面对几种常用的工业机器人的控制方式进行具体分析。

### (一)点位控制与连续轨迹控制

机器人的位置控制可分为点位(PTP,Point to Point)控制和连续轨迹(CP,Continuous Path)控制两种方式,如图4-2所示。

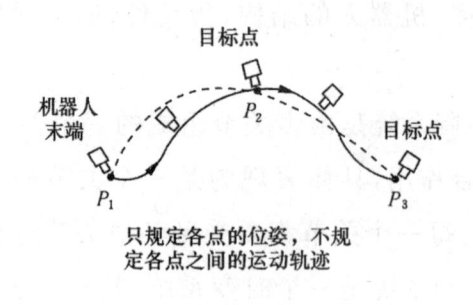

(a)PTP 控制

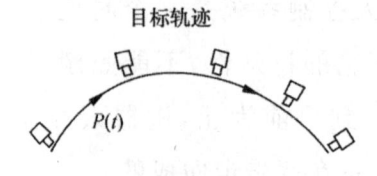

(b)CP 控制

图 4-2 PTP 控制与 CP 控制

PTP控制要求机器人末端以一定的姿态尽快且无超调地实现相邻点之间的运动,但对相邻点之间的运动轨迹不做具体要求。PTP控制的主要技术指标是定位精度和运动速度,从事在印制电路板上安插元件、点焊、搬运及上/下料等作业的工业机器人,采用的都是PTP控制方式。

CP控制要求机器人末端沿预定的轨迹运动,即在运动轨迹上任意特定数量的点处停留。将运动轨迹分解成插补点序列,在这些点之间依次进行位置控制,点与点之间的轨迹通常采用直线、圆弧或其他曲线进行插补。因为要在各个插补点上进行连续的位置控制,所以可能会发生运动中的抖动。实际上,由于控制器的控制周期在几毫秒到30 ms之间,时间很短,可以近似认为运动轨迹是平滑连续的。在机器人的实际控制中,通常利用插补点之间的增量和雅可比矩阵广义逆矩阵 $\bm{J}^{-1}$ 求出各关节的分增量,各电动机按照分增量进行位置控制。各关节的分增量可表示为

$$\mathrm{d}q = \bm{J}^{-1}\mathrm{d}\bm{X} \qquad (4-2)$$

CP控制的主要技术指标是轨迹精度和运动的平稳性,从事弧焊、喷漆、切割等作业的工业机器人,采用的都是CP控制方式。

## (二)力(力矩)控制方式

在喷漆、点焊、搬运时所使用的工业机器人,一般只要求其末端操作器(如喷枪、焊枪、手爪等)沿某一预定轨迹运动,运动过程中末端操作器始终不与外界任何物体相接触,这时只需对机器人进行位置控制即可完成作业任务。对于另一类机器人来说,除要准确定位之外,还要求控制手部的作用力或力矩,如对应用于装配、加工、抛光等作业的机器人,工作过程中要求机器人手爪与作业对象接触,并保持一定的压力。此时,如果只对其实施位置进行控制,有可能由于机器人的位姿误差及作业对象放置不准,或者手爪与作业对象脱离接触,或者两者相碰撞而引起过大的接触力,其结果会使机器人手爪在

空中晃动,或者造成机器人和作业对象的损伤。对于进行这类作业的机器人,一种比较好的控制方案是控制手爪与作业对象之间的接触力。这样,即使是作业对象位置不准确,也能保持手爪与作业对象的正确接触。在力控制伺服系统中,反馈量是力信号,所以系统中必须要有力传感器。

### (三)智能控制方式

实现智能控制的机器人可通过传感器获得周围环境的信息,并根据自身内部的知识库做出相应的决策。采用智能控制技术,可使机器人具有较强的环境适应性及自学习能力。智能控制技术的发展有赖于近年来神经网络、基因算法、遗传算法、专家系统等人工智能技术的迅速发展。

### (四)示教—再现控制

示教—再现(Teaching-playback)控制是工业机器人的一种主流控制方式。为了让机器人完成某种作业,首先由操作者对机器人进行示教,即教机器人如何去做。在示教过程中,机器人将作业顺序、位置、速度等信息存储起来。在执行任务时,机器人可以根据这些存储的信息再现示教的动作。

示教有直接示教和间接示教两种方法。直接示教是操作者使用安装在机器人手臂末端的操作杆,按给定运动顺序示教动作内容,机器人自动把运动顺序、位置和时间等数据记录在存储器中,再现时依次读出存储的信息,重复示教的动作过程。采用这种方法通常只能对位置和作业指令进行示教,而运动速度需要通过其他方法来确定。间接示教是采用示教盒进行示教。操作者通过示教盒上的按键操纵完成空间作业轨迹点及有关速度等信息的示教,然后通过操作盘用机器人语言进行用户工作程序的编辑,并存储在示教数据区。再现时,控制系统自动逐条取出示教命令与位置数据,进行解读、运算并做出判断,将各种控制信号送到相应的驱动系统或端口,使机器人忠实地再现示教动作。

采用示教—再现控制方式时不需要进行矩阵的逆变换，也不存在绝对位置控制精度的问题。该方式是一种适用性很强的控制方式，但是需由操作者进行手工示教，要花费大量的精力和时间。特别是在产品变更导致生产线变化时，要进行的示教工作任务繁重。现在通常采用离线示教法（Off-line Teaching），不对实际作业的机器人直接进行示教，而是脱离实际作业环境生成示教数据，间接地对机器人进行示教。

# 第三节　工业机器人控制系统的硬件设计

## 一、单关节伺服控制系统

工业机器人的末端要安装各种类型的工具来完成作业任务，所以难以在末端安装位移传感器来直接检测手部在空中的位姿。对此采取的办法是利用各个关节电动机自带的编码器检测的角度信息，依据正运动学间接地计算出手部在空中的位姿，所以工业机器人关节电动机的控制系统是典型的半闭环伺服控制系统，如图4-3所示。

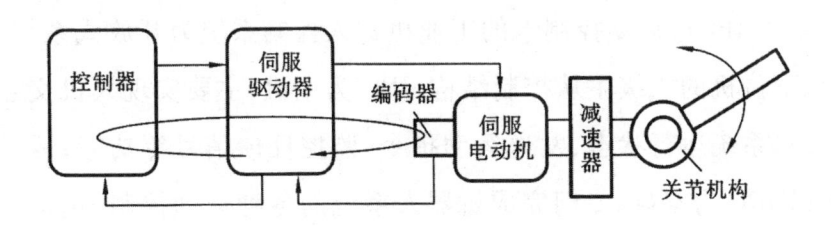

图4-3　基于位置控制的零力控制系统

半闭环伺服控制系统具有结构简单、价格低廉的优点，但不能检测减速器、关节机构等传动链制造的误差，所以系统控制精度有限。为了保证机器人系统的控制精度，控制精度的提高对减速器、关节机构等传动链的加工精度、稳定性和系统控制性能等提出了较高的要求。

## 二、工业机器人控制系统的硬件构成

机器人控制系统种类很多,目前常用的运动控制系统从结构上主要分为以单片机为核心的机器人控制系统、以可编程控制器(PLC)为核心的机器人控制系统、基于工业控制计算机(IPC)+运动控制卡的工业机器人控制系统。

以单片机为核心的机器人控制系统是把单片机(MCU)嵌入运动控制器中而构成的,它能够独立运行并且带有通用接口,方便与其他设备进行通信。这种控制系统具有电路原理简洁、运行性能良好、系统成本低的优点,但系统运算速度、数据处理能力有限且抗干扰能力较差,难以满足高性能机器人控制系统的要求。

以PLC为核心的机器人控制系统技术成熟、编程方便,在可靠性、扩展性、对环境的适应性等方面有明显优势,并且有体积小、方便安装维护、互换性强等优点,但是和以单片机为核心的机器人控制系统一样,以PLC为核心的机器人控制系统不支持先进的、复杂的算法,不能进行复杂的数据处理,不能实现机器人系统的多轴联动等所需要的复杂的运动轨迹。

基于IPC+运动控制卡的工业机器人控制系统为开放式系统,采用上、下位机的二级主从控制结构;IPC为主机,主要实现人机交互管理、显示系统运行状态、发送运动指令、监控反馈信号等功能;运动控制卡以IPC为基础,专门完成机器人系统的各种运动控制(包括位置方式、速度方式和力矩方式),主要是数字交流伺服系统及相关的信号的输入、输出。IPC将指令通过PC总线传送到运动控制器,运动控制器根据来自IPC的应用程序命令,按照设定的运动模式,向伺服驱动器发出指令,完成相应的实时控制。

该控制系统IPC和运动控制卡分工明确,系统运行稳定、实时性强、能满足复杂运动的算法要求、抗干扰能力强、开放性强。基于IPC＋运动控制卡的工业机器人控制系统将是未来工业机器人控制系统的主流。

下面从工业机器人的应用角度,分析开放式伺服控制系统的常用控制方法。采用运动控制卡控制伺服电动机,通常使用以下两种指令方式。

## (一)数字脉冲指令方式

这种方式与步进电动机的控制方式类似,运动控制卡向伺服驱动器发送"脉冲/方向"或"CW/CCW"类型的脉冲指令信号。脉冲数量控制电动机转动的角度,脉冲频率控制电动机转动的速度。伺服驱动器工作在位置控制模式,位置闭环由伺服驱动器完成。采用此种指令方式的伺服系统是一个典型的硬件伺服系统,系统控制精度取决于伺服驱动器的性能。该控制系统具有系统调试简单、不易产生干扰等优点,但缺点是伺服系统响应稍慢、控制精度较低。

## (二)模拟信号指令方式

在模拟信号指令方式下,运动控制卡向伺服驱动器发送＋/－10V的模拟电压指令,同时接收来自电动机编码器的位置反馈信号。伺服驱动器工作在速度控制模式下,位置闭环控制由运动控制卡实现,如图4-4所示。在伺服驱动器内部,位置控制环节必须首先通过数/模转换,最终是通过应用模拟量实现的,速度控制环节减少了数/模转换步骤,所以驱动器对控制信号的响应速度快。该控制系统具有伺服响应快、可以实现软件伺服、控制精度高等优点,缺点是对现场干扰较敏感、调试稍复杂。

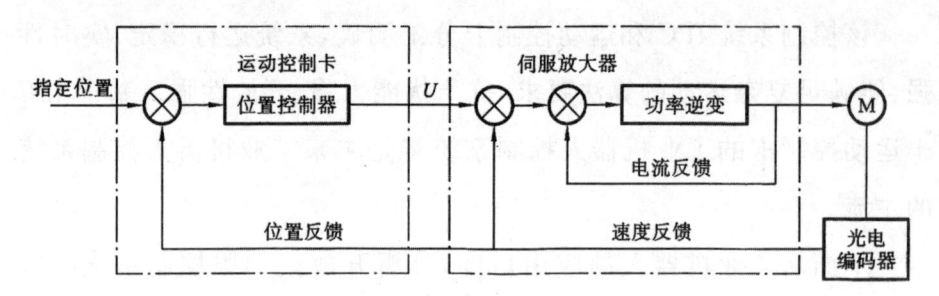

图 4-4 伺服控制系统软件控制框图

在图 4-4 中,把位置环从伺服驱动器移到运动控制卡上,在运动控制卡中实现电动机的位置环控制,伺服驱动器实现电动机的电流环控制和速度环控制,这样可以在运动控制卡中实现一些复杂的控制算法,以此来提高系统的控制性能。

图 4-5 是叠加了多种补偿值的前馈 PID 控制原理图。高性能的运动控制卡都使用了该控制算法。图中的动力学补偿为对其他轴连接时产生的离心力、科里奥利力等进行的补偿,重力补偿为对重力产生的干扰力进行的补偿。在软件设计时,每隔一个控制周期求出机器人各关节的目标位置、目标速度、目标加速度和力矩补偿值,在这些数值之间再按一定间隔进行一次插补运算,这样配合起来然后对各个关节进行控制,从而达到提高系统的控制精度和鲁棒性的目的。

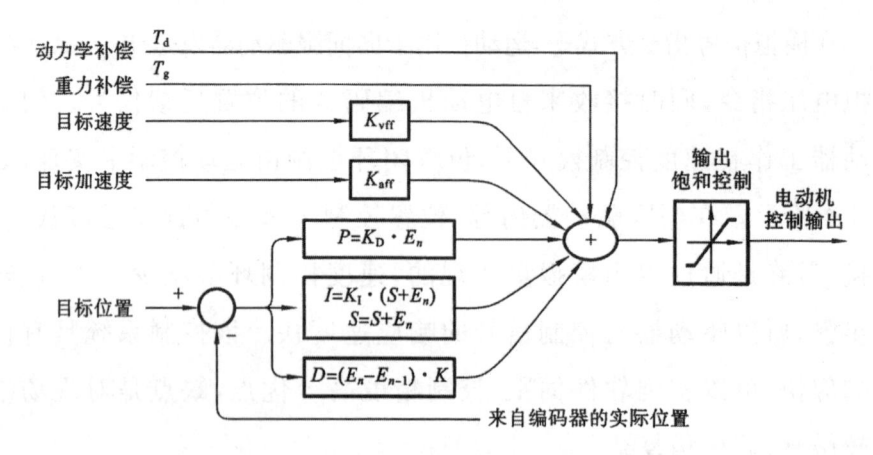

图 4-5 叠加多种补偿值的前馈 PID 控制原理

# 第五章 工业机器人传感探测技术

## 第一节 工业机器人传感器概述

### 一、工业机器人与传感器

传感器在工业机器人构成中占据着重要地位。工业机器人传感系统使机器人能够与外界进行信息交换,是决定工业机器人性能水平的关键因素之一。与普遍、大量应用的工业检测传感器相比,工业机器人传感器对传感信息的种类和智能化处理的要求更高。无论是科学研究还是实现产业化,都需要有多种学科、技术和工艺作为支撑。

自从1959年世界上诞生第一台机器人以来,机器人技术取得了长足的进步和发展。机器人技术的发展大致经历了以下3个阶段。

#### (一)第一代机器人——示教—再现型机器人

示教—再现型机器人对于外界环境没有感知。这一代机器人几乎不配备任何传感器,一般采用简单的开关控制、示教—再现控制和可编程控制,机器人的运动路径、参数等都需要通过示教或编程的方式给定。因此,在工作过程中,它无法感知环境的改变,也无法及时调整自身的状态适应环境的变化。例如,1962年美国研制成功的PUMA通用示教—再现型机器人,这种机器人通过一个计算机来控制一个多自由度的一个机械,并通过示教存储程序和信息,工作时把信息读取出来,然后发出指令,这样机器人可以重复地根据人当时示教的结果再现出这种动作。再如,搬运机器人由操作者对其进行过程示教,机器人进行存储,之后机器人重复所示教的动作。

### (二)第二代机器人——感觉型机器人

这种机器人配备了简单的传感器系统,拥有类似人具有的某种功能的感觉,如力觉、触觉、滑觉、视觉、听觉等,能够通过感觉来感受和识别工件的形状、大小、颜色;同时能感知自身运行的速度、位置、姿态等物理量,并以这些信息的反馈构成闭环控制。传感器系统使得机器人能够检测自身的工作状态、探测外部工作环境和对象状态等。

### (三)第三代机器人——智能型机器人

自20世纪90年代以来,人们发明的机器人带有多种传感器,可以进行复杂的逻辑推理、判断及决策,在变化的内部状态与外部环境中,自主决定自身的行为。

近年来,传感器技术得到迅猛发展,同时技术更为成熟完善,这在一定程度上推动着机器人技术的发展。传感器技术的革新和进步,势必会为机器人行业带来革新和进步。因为机器人的很多功能都是依靠传感器来实现的。为了实现在复杂、动态及不确定性环境下机器人的自主性,或为了检测作业对象及环境或机器人与它们之间的关系,目前各国的科研人员正在将视觉、听觉、压觉、热觉、力觉传感器等多种不同功能的传感器灵活地组合在一起,形成机器人的感知系统,为机器人提供更为详细的外界环境信息,进而促使机器人对外界环境变化做出实时、准确、灵活的行为响应。

不得不承认,即使是目前世界上智能程度最高的机器人,它对外部环境变化的适应能力也非常有限,还远远没有达到人们预想的目标。一方面,传感器的使用和发展提高了工业机器人的水平,促进了工业机器人技术的深化;另一方面,因为传感技术有许多难题还未解决而又抑制了工业机器人的发展。今后工业机器人能发展到何种程度,传感器将是关键因素之一。

## 二、工业机器人传感器的分类

工业机器人的感觉系统可分为视觉、听觉、触觉、嗅觉、味觉、平衡感觉和其他感觉。我们可以将传感器的功能与人类的感觉器官相比拟,光敏传感器可比为视觉,声敏传感器可比为听觉,气敏传感器可比为嗅觉,化学传感器可比为味觉,压敏、温敏、流体传感器可比为触觉。与常用的传感器相比,人类的感觉能力更优越,但也有一些传感器比人的感觉功能优越,如感知紫外线或红外线辐射的传感器,感知电磁场、无色无味的气体的传感器等。

工业机器人传感器的种类繁多,分类方式也不是唯一的。根据传感器在系统中的作用来划分,工业机器人的传感器可分为内部传感器和外部传感器。其中,内部传感器是为了检测机器人的内部状态,在伺服控制系统中作为反馈信号,如位移、速度、加速度等传感器;外部传感器是为了检测作业对象及环境与机器人的联系,如视觉、触觉、力觉距离等传感器。

内部传感器是测量机器人自身状态的功能元件,具体检测的对象有关节的线位移、角位移等几何量,速度、角速度、加速度等运动量,还有倾斜角、方位角、振动等物理量,即主要用来采集来自机器人内部的信息;而外部传感器则主要用来采集机器人和外部环境及工作对象之间相互作用的信息。内部传感器常在控制系统中用作反馈元件,检测机器人自身的状态参数,如关节运动的位置、速度、加速度等;外部传感器主要用来测量机器人的周边环境参数,通常跟机器人的目标识别、作业安全等因素有关,如视觉传感器,它既可以用来识别工作对象,也可以用来检测障碍物。从机器人系统的使用来看,外部传感器的信号一般用于规划决策层,也有一些外部传感器的信号被底层的伺服控制层利用。

内部传感器和外部传感器是根据传感器在系统中的作用来划分的,某些传感器既可当作内部传感器使用,又可以当作外部传感器使用。例如,力传感器用于末端执行器或操作臂的自重补偿时,是内部传感器;用于测量操作对象或障碍物的反作用力时,是外部传感器。

## 三、工业机器人对传感器的要求

依据工业机器人自身结构特点及工作环境的特点,通常要求传感器应具备以下4个特点。

1. 精度高,重复性好

机器人传感器的精度直接影响机器人的工作质量。用于检测和控制机器人运动的传感器是控制机器人定位精度的基础。机器人是否能够准确无误地正常工作,往往取决于传感器的测量精度。

2. 稳定性好,可靠性高

机器人传感器的稳定性和可靠性是保证机器人能够长期稳定可靠地工作的必要条件。机器人经常是在无人照管的条件下代替人来操作的,如果它在工作中出现故障,轻者影响生产的正常进行,重者造成严重事故。

3. 抗干扰能力强

机器人传感器的工作环境比较恶劣,它应当能够承受强电磁干扰、强振动,并能够在一定的高温、高压、高污染环境中正常工作。

4. 重量轻,体积小,安装方便可靠

对于安装在机器人操作臂等运动部件上的传感器,重量要轻,否则会加大运动部件的惯性,影响机器人的运动性能。对于工作空间受到某种限制的机器人,对其体积大小和安装的便利程度都有一定的要求。

# 第二节 工业机器人的常用传感器

在工业机器人应用领域，需要传感器提供必要的信息，以便工业机器人能够正确执行相关操作。根据检测对象的不同，工业机器人配置的传感器的类型和规格也有所不同。一般来说，工业机器人装备的传感器可以分为两类：一类是用于检测工业机器人自身状态的内部传感器；另一类是用于检测工业机器人相关环境参数的外部传感器。所谓内部传感器就是装在工业机器人身上以测量其自身状态相关的信息功能元件，具体检测对象包括工业机器人的关节线位移、角位移等几何量，速度、角速度、加速度等运动量，以及力、力矩、倾斜角和振动等物理量，这些测量信息将在工业机器人整个控制系统中作为反馈信号使用。所谓外部传感器则主要用于测量与工业机器人作业有关的外部环境因素，通常与工业机器人的目标识别、作业安全等要求有关，可大致分为接触觉传感器、接近觉传感器，以及压觉、滑觉、力觉等传感器，图5-1为工业机器人常用传感器的分类示意图。

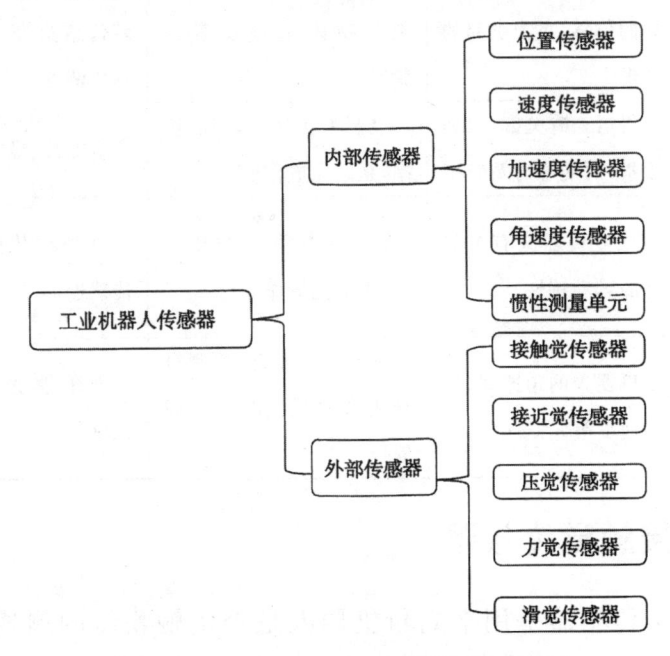

图 5-1 工业机器人常用传感器的分类图

本节将对工业机器人常用的内部和外部传感器进行详细阐述，并对这些传感器的检测内容、应用目的及传感特性进行详细分析，且以常见工业机器人系统为依托，进一步阐述工业机器人包含的传感器及各个传感器的功能和作用。

工业机器人常用传感器的特性如表 5-1 所示。

表 5-1　工业机器人常用传感器的特性一览表

| 常用传感器 | 检测内容 | 应用目的 | 传感器件 |
| --- | --- | --- | --- |
| 接触觉传感器 | 与对象是否接触 | 确定对象位置，识别对象形态，控制速度，安全保障，异常停止，寻径 | 光电传感器、微动开关、薄膜特点、压敏高分子材料 |
| 接近觉传感器 | 对象物是否接近，接近距离，对象面的倾斜 | 控制位置，寻径，安全保障，异常停止 | 光传感器、气压传感器、超声波传感器、电涡流传感器、霍尔传感器 |
| 压觉传感器 | 物体的压力、握力、压力分布 | 控制握力，识别握持物，测量物体弹性 | 压电元件、导电橡胶、压敏高分子材料 |
| 滑觉传感器 | 垂直握持面方向物体的位移，重力引起的变形 | 修正握力，防止打滑，判断物体重量及表面状态 | 球形接点式、光电旋转传感器、角编码器、振动检测器 |
| 力觉传感器 | 机器人有关部件（如手指）所受外力及转矩 | 控制手腕移动，伺服控制，正解完成作业 | 应变片、导电橡胶 |
| 运动特性检测传感器 | 工业机器人有关部件的运动特性 | 控制手腕移动，伺服控制，正解完成作业 | 红外线传感器、超声传感器 |
| 陀螺仪 | 机器人的角速度、角加速度等 | 确定对象姿态，检测自身内部参数作为反馈信号 | 光纤、激光、MEMS 陀螺仪 |

# 一、接触觉传感器

接触觉传感器是用来判断机器人是否接触物体的测量传感器，可以感知机器人与周围障碍物的接近程度。传感器一般安装于机器人运动部件或末端执行器（如抓手或手爪）上，用以判断机器人部件是否和对象发生了接触。接触觉是通过与对象物体彼此接触而产生的，所以一般使用表面密度分布触觉传感器阵列，这样容易增大接触面积，提高传感器检测的准确度。

接触觉传感器主要有微动开关式、导电橡胶式、含碳海绵式、碳素纤维式、气动复位式等类型。下面就这5种接触觉传感器的工作特点及优缺点进行详细阐述。

### （一）微动开关式接触觉传感器

该传感器主要由弹簧、触点和压杆构成，如图5-2所示。压杆接触到外界物体后会向下弯曲变形，压迫按钮向下移动，在弹簧作用下使触点离开基板，造成信号通路断开，从而探测到与外界物体的接触。这种常闭式（未接触时一直接通）微动开关式接触觉传感器的优点是结构简单、功能可靠、价格便宜、使用方便，缺点是易产生机械振荡和触点容易氧化。

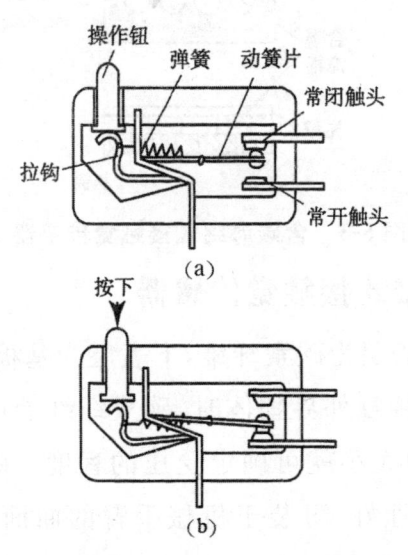

图5-2 微动开关式传感器的原理结构

### （二）导电橡胶式接触觉传感器

该传感器以导电橡胶为敏感元件。当触头接触外界物体受压后,压迫导电橡胶,使其电阻发生改变,从而使流经导电橡胶的电流发生变化。这种传感器的优点是具有柔性,缺点是由于导电橡胶的材料配方存在差异,容易导致这类传感器的漂移和滞后特性不一致。

### (三)含碳海绵式接触觉传感器

该传感器在基板上装有海绵构成的弹性体,在海绵体中又按阵列布以含碳海绵,如图 5-3 所示。当传感器接触物体受压后,含碳海绵的电阻减小,测量流经含碳海绵电流的大小,就可确定受压程度。这种传感器也可用作压力觉传感器。这种传感器的优点是结构简单、功能可靠、弹性优良、使用方便,缺点是含碳海绵中碳素分布的均匀性会直接影响测量结果,并且受压后含碳海绵的恢复能力较差。

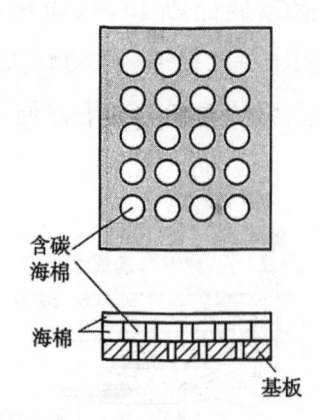

图 5-3 含碳海绵式接触觉传感器

### (四)碳素纤维式接触觉传感器

该传感器的上表层为碳素纤维,下表层为基板,中间装有氨基甲酸酯和金属电极。接触外界物体时,碳素纤维受压而与金属电极接触导电,测量电流的大小就可确定受压的程度。碳素纤维式接触觉传感器的优点是柔性好,可装于机械手臂的曲面处;缺点是滞后较明显。

### (五)气动复位式接触觉传感器

该传感器具有柔性绝缘表面,受压时发生变形,脱离接触时则由压缩空气作为复位的动力。与外界物体接触时，传感器内部的弹性圆泡（铍铜箔）与下部触点接触而导电，测量该电流的大小就可确定受压的程度。这类传感器的优点是柔性好、可靠性高；缺点是需要压缩空气作为传感器的复位动力源。

## 二、接近觉传感器

接近觉传感器是一种可对距离进行测量的传感器，其主要作用是在与测量对象发生接触之前获得必要的信息，用于探测一定范围内是否有物体接近、物体接近的距离和物体表面形状及倾斜程度等信息。

图 5-4 为接近觉传感器的主要类型与工作原理。接近觉传感器常用非接触式测量元件进行感测，如电磁式接近开关、光学接近传感器和霍尔效应传感器等。以光学接近传感器为例，其工作原理和主体结构如图 5-5 所示。由图中可见，光学接近传感器主要由发光二极管、光学透镜和光敏晶体管组成。发光二极管发出的光经过对象物的反射被光敏晶体管接收，光敏晶体管接收到的光强和光学接近传感器与目标的距离有关，其输出信号是距离的函数。为了增强检测结果的稳定性与可靠性，光学接近传感器的红外信号被调制成某一特定频率，大大提高了其信噪比。

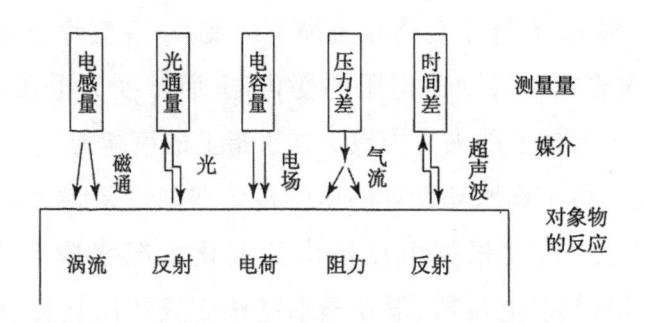

图 5-4 接近觉传感器的主要类型与工作原理

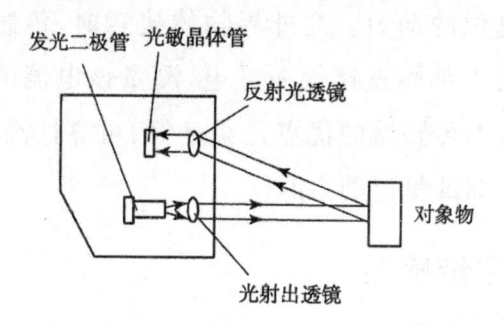

图中标注:发光二极管、光敏晶体管、反射光透镜、对象物、光射出透镜

**图 5-5　光学接近觉传感器的工作原理**

接近觉传感器在工业机器人中主要用于对物体的抓取和躲避障碍物。

## 三、压觉传感器

压觉传感器可用来测量工业机器人末端执行器接触外界物体时所受压力和压力分布的情况,它有助于机器人对接触对象几何形状和表面硬度进行识别。压觉传感器的敏感元件可由各类压敏材料制成,常用的压敏材料有压敏导电橡胶、由碳纤维烧结而成的丝状碳素纤维片和绳状导电橡胶组成的排列面等,通常用应变片、电位器、光电元件、霍尔元件作位移检测机构。

在工业机器人应用领域,应变片式压觉传感器是最为常用的压觉传感器之一。图 5-6 显示了该传感器的工作原理:机械手指由两个工字形钢梁构成,在梁上合适位置贴有应变片,应变片连接成测量桥路,工作时可将应变转换为电阻的变化,进而转换为电压量的变化,从而可以测出机械手的夹持力或加在手指上的束缚力。

采用电位器工作原理设计的压觉传感器同样是将力的变化转换为电阻的变化,进而根据电压输出的变化情况来确定力的大小。图 5-7 是利用弹簧、电位器、滑动轴承制作而成的压觉传感器。其工作原理为当平板上存在负载时,平板发生的相应位移会转换为电位器的阻值变化,在弹簧刚性系数给定的情况下,即可根据位移的大小而求出力的大小。

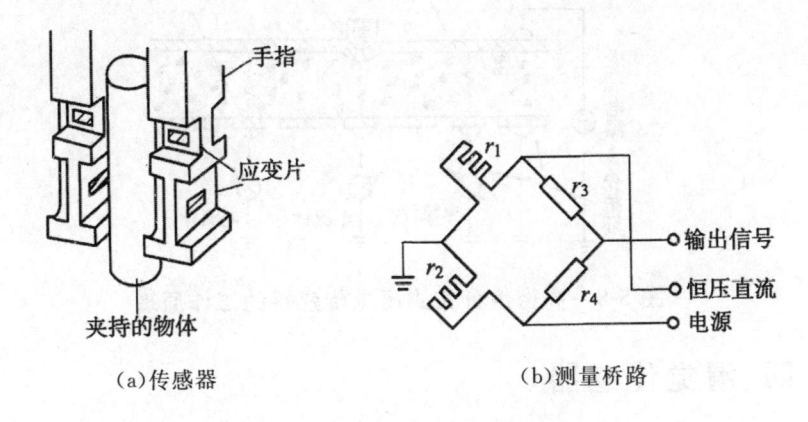

(a)传感器　　(b)测量桥路

图 5-6　应变片式压觉传感器

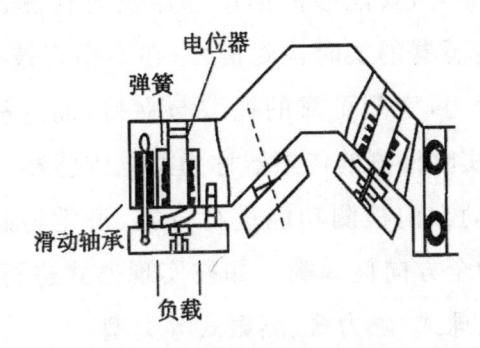

图 5-7　弹簧式压觉传感器

图 5-8 为以压敏导电橡胶为基本材料的压觉传感器,在导电橡胶上面附有柔性保护层,下部装有玻璃纤维保护环和金属电极。

在外部压力作用下,导电橡胶电阻发生变化,使基底电极电流产生相应变化,从而可借此检测出与压力成一定关系的电信号及压力分布情况。通过改变导电橡胶的渗入成分可控制电阻的大小。

例如,渗入石墨可加大电阻,渗碳、渗镍可减小电阻。通过合理选材和加工可制成高密度分布式压觉传感器,这种传感器可以测量细微的压力分布及观察其变化。

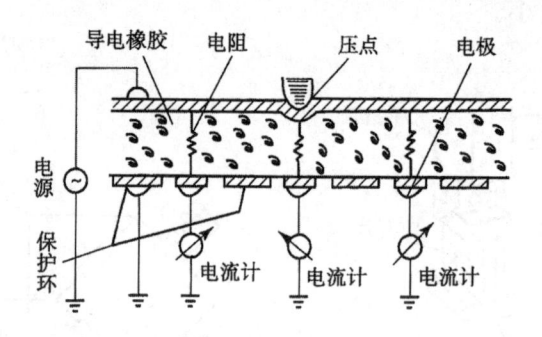

图 5-8　高密度分布式压觉传感器的工作原理

## 四、滑觉传感器

工业机器人在抓取属性不明的物体时，应能自行确定最佳握紧力。当握紧力不够时，要能够依据传感器及时检测被抓取物体的滑动情况，并利用传感器的实时检测信号，在不损害被抓取物体的前提下，适当增大握紧力，实现可靠的抓取与夹持，而这种能够实现被抓取物体滑动情况实时检测的传感器称为滑觉传感器。

如按有无滑动方向检测功能进行分类，滑觉传感器可分为无方向性、单方向性和全方向性 3 类。如按实现方式进行分类，滑觉传感器可分为滚动式、球式、磁力式、测振式等类型。

滚动式滑觉传感器是将被抓取物体表面与传感器滚轮相接触时的滑动转换为滚轮滚动的一种滑觉传感器，图 5-9 是该类型传感器的典型结构。

在图 5-9（a）中，被抓取物体的滑动引起传感器滚轮转动，用磁铁、静止磁头、光电传感器等对滚轮转动情况进行检测。这种传感器的滑动检测方向为滚轮的转动方向，只能检测单方向的滑动。而在图 5-9（b）所示的改进型滚动式滑觉传感器中，采用滚球来代替滚轮，可以检测各个方向的滑动情况。由于表面凹凸不平，滚球转动时将拨动与之接触的杠杆，使导电圆盘产生振动，从而传达触点开关状态的信息。图 5-9（c）为贝尔格莱德大学研制的机器人专用滑觉传感器。该传感器的主体结构由一个金属球和触针组成,金属球表面分成许多个相间排列的导电和绝缘小格。触针头很细,每次只能触及一格。当被抓取物体滑动时,金属球也随之转动,并在触针上输出脉冲信号,脉冲信号的频率反映了滑移速度,而脉冲个数则对应了滑移的距离,由此就可判明被抓取物体滑动的情况。

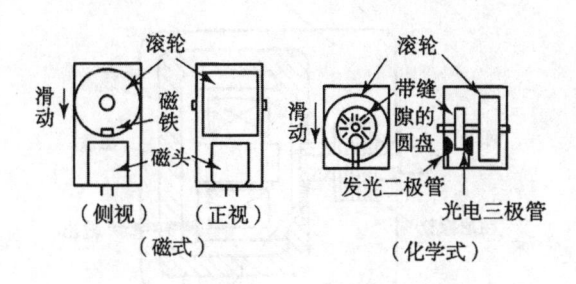

(a) 滚轮式滑觉传感器

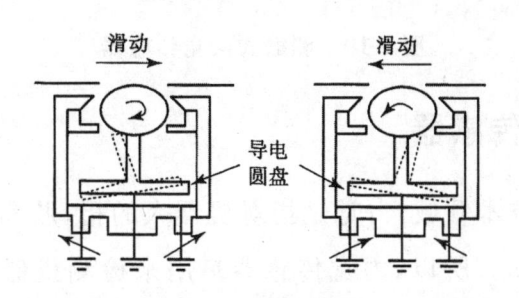

(b) 凹凸球面式滑觉传感器

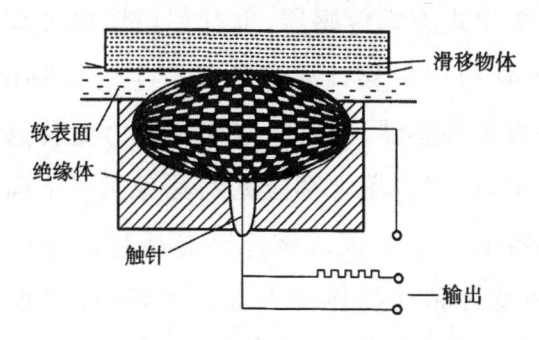

(c) 贝尔格莱德大学研制的机器人专用滑觉传感器

**图 5-9 滑觉传感器的典型结构**

图 5-10 为测振式滑觉传感器。工作时,该传感器表面伸出的钢

球能和被抓取物体接触。当被抓取物体发生滑动时,钢球与物体之间的接触会在阻尼橡胶的作用下产生振动,采用压电传感器或磁场线圈结构的微小位移计对这个振动进行检测,就可以了解钢球与物体之间的滑动情况。

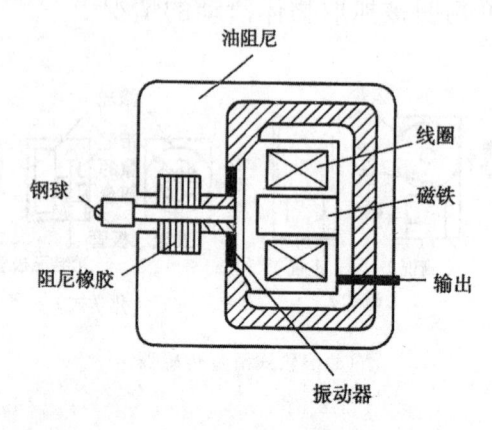

图 5-10　测振式滑觉传感器

## 五、力觉传感器

在机器人技术领域,力觉是指对机器人的指、肢和关节等在工作中所受力的感知。所以,力觉传感器是用来检测机器人自身与外部环境之间相互作用力的传感器。根据力的检测方式不同,有检测应变或应力的应变片式力觉传感器,也有利用压电效应的压电元件式力觉传感器,还有利用位移计测量负载产生的位移的差动变压器、电容位移计式力觉传感器。其中,应变片式力觉传感器在工业机器人中被广泛采用,在很多场合都能见到其身影。下面介绍电阻应变片式压力传感器的工作原理。该传感器是利用金属拉伸时电阻变大的现象,将应变片粘在物体受力方向上,这样可根据输出电压检测出电阻的变化。

图 5-11 为两种典型的力觉传感器,图 5-11(a)是美国 Draper 研究所研制的 Waston 腕力传感器,该传感器具有环形竖梁式结构,其

上下两个环由三个片状梁连接起来,三个梁的内侧贴着拉伸—压缩应变片,外侧贴着剪切应变片。

(a) Waston腕力传感器

(b) 垂直水平梁式力觉传感器

(c) 六维腕力传感器

(d) 非径向中心对称三梁腕力传感器

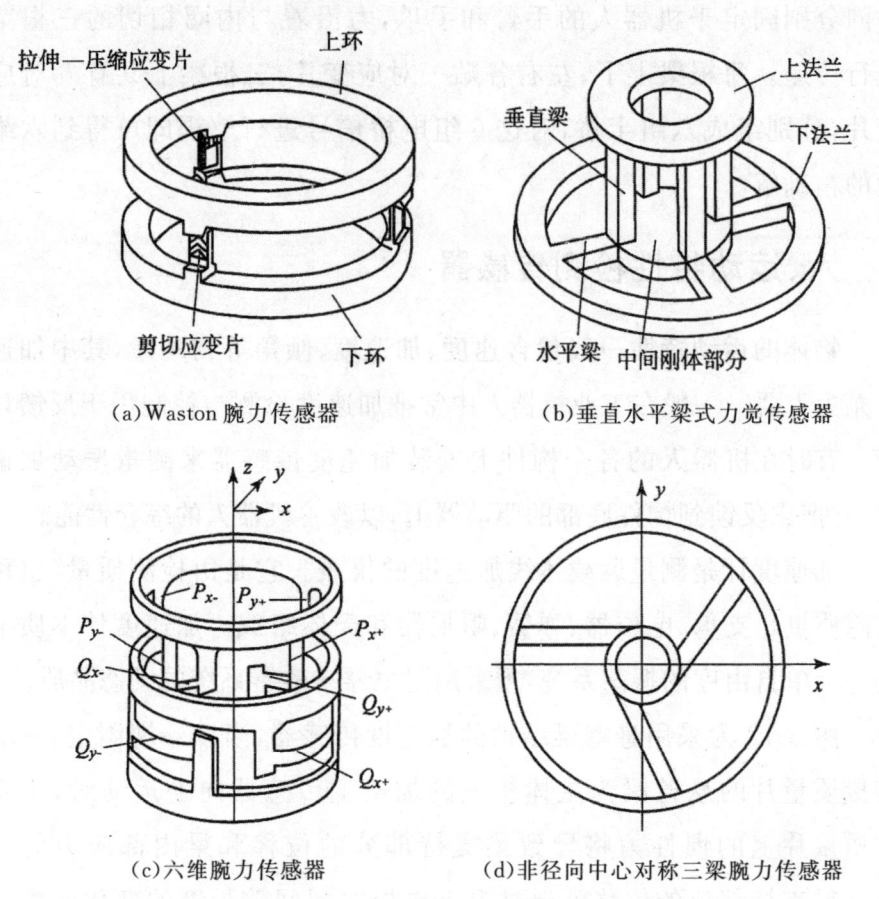

图 5-11 典型的力觉传感器及连接方式

图 5-11(b) 为 Dr. R. Seiner 公司设计的垂直水平梁式力觉传感器。该传感器在上下法兰之间设计了水平梁和垂直梁,在各个梁上粘贴了相应的应变片,由此构成了力觉传感器。

图 5-11(c) 为 SRI(Stanford Research Institute)研制的六维腕力传感器,它由一支直径为 75mm 的铝管切削而成,具有 8 个窄长的弹性梁,每个梁的颈部只传递力,扭矩作用很小。梁的另一头贴有应变片。该传感器为直接输出型力传感器,不需要再做运算,并能进行温度自动补偿。其主要缺点是各维之间存在耦合,且弹性梁的加工难

度较大、刚性较差。

图 5-11(d)为非径向中心对称三梁腕力传感器,传感器的内圈和外圈分别固定于机器人的手臂和手爪,力沿着与内圈相切的三根梁进行传递。每根梁上下、左右各贴一对应变片,三根梁上共有 6 对应变片,分别组成六组半桥,对这 6 组电桥信号进行解耦即可得到六维力的精确解。

## 六、运动特性检测传感器

物体的运动特性一般包含速度、加速度、倾角等物理量,其中加速度尤为重要。一般在工业机器人中常把加速度检测与控制用于反馈环节。有时在机器人的各个构件上安装加速度传感器来测量振动加速度,并把它反馈到构件底部的驱动器上,以改善机器人的综合性能。

加速度计是测量运载体线加速度的仪表。它是由检测质量(也称敏感质量)、支承、电位器、弹簧、阻尼器和壳体组成。加速度计本质上是一个单自由度的振荡系统,须采用阻尼器来改善系统的动态品质。

图 5-12 为采用悬臂梁结构的加速度传感器,当以一端固定、一端链接质量片的悬臂梁为主体构成的加速度传感器向上运动时,作用在质量片上的惯性力将导致梁支持部分的位移和梁内部应力的产生。梁支持部位的位移可通过上下电极之间间隙长度的变化或内部应力的变化而被检测出来。由于半导体微加工技术的发展,目前已经能够通过硅的蚀刻来制作小型加速度传感器了。

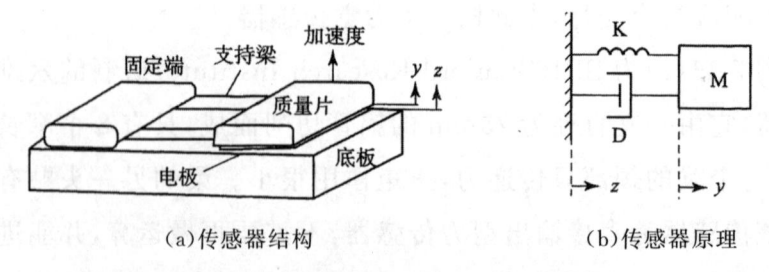

(a)传感器结构　　(b)传感器原理

图 5-12　悬臂梁结构的加速度传感器

CS-3LAS-02 三轴加速度计和 K-Shear 型加速度计是两种典型的三轴加速度计。CS-3LAS-02 三轴加速度计的加速度计重量为 150g,且其工作温度为 $-40 \sim +70℃$,零偏温漂小于 $0.01g$,所以其温度适应性较好。K-Shear 型加速度计的特点为体积小、重量轻(只有 11g),因而特别适合在小型和轻型结构上应用。

同时适用于电子仪器的跌落试验。K-Shear 型加速度计的特点是分辨率较高(1mg),适合在要求高分辨率的测量中使用。

## 七、陀螺仪

陀螺仪是一种用来感测与维持方向的装置,它是基于角动量不灭的原理设计出来的。

陀螺仪主要由一个位于轴心可以旋转的轮子构成。陀螺仪一旦开始旋转,由于轮子角动量的作用,陀螺仪有抗拒方向改变的趋向。陀螺仪多用于导航、定位等系统。

陀螺仪可以检测随物体转动而产生的角速度,因此它可以用于移动机器人的姿态,以及转轴不固定的转动物体的角速度检测。陀螺仪大体上可分为速率陀螺仪、位移陀螺仪、方向陀螺仪等几种,在机器人领域中大多使用速率陀螺仪。

根据陀螺仪具体检测方法的不同,又可将其分为振动型陀螺仪、光学型陀螺仪、机械转动型陀螺仪。

## (一)振动陀螺仪

振动陀螺仪通常是用其音叉端部的振动质量被基座带动旋转时产生的哥氏效应来测量角速度的,其基本结构如图 5-13(a)所示,音叉两端的质量各为 $m/2$,设某瞬间二者的相向速度为 $v$,距离中心轴线的瞬时距离为 $s$,且基座绕中心轴以角速度 $w$ 旋转。

(a)陀螺仪音叉振动模型　　(b)力学分析

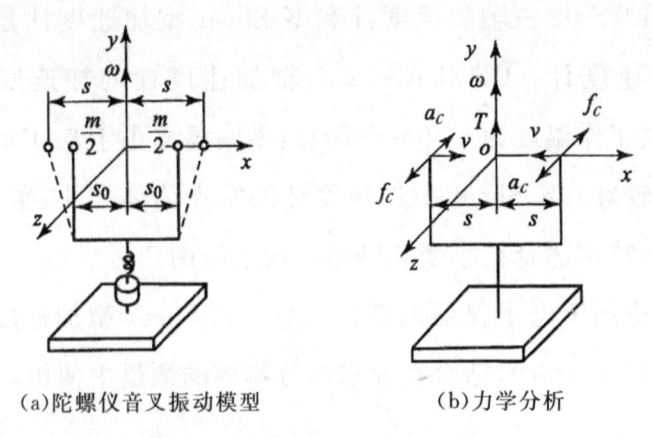

**图 5-13　陀螺仪的音叉振动模型**

质量为 $m/2$ 且同时具有速度 $v$ 和角速度 $\omega$ 的质点相对于惯性参考系运动时所产生的惯性力就是哥氏力 $f_c$，如图 5-13(b)所示，该惯性力作用在对应于物体的两个运动方向的垂直方向上，其方向即为哥氏加速度 $a_c$ 的方向。哥氏力 $f_c$ 的大小可表达为：

$$f_0 = \frac{m}{2} a_c = \frac{m}{2} \times 2\omega \times v = m\omega \times v. \tag{5-1}$$

## (二)光纤陀螺仪

各种类型的光纤陀螺仪的基本原理都是利用 Sagnac 效应，只是各自采用的位相或频率解调方式不同，或是对光纤陀螺仪的噪声补偿方法不同而已。

在环状光通路中，来自光源的光经过光束分离器被分成两束，在同一个环状光路中，一束向左转动进行传播，另一束向右转动进行传播。这时，如果系统整体相对于惯性空间以角速度 $\omega$ 转动，显然光束沿环状光路左转一圈花费的时间与右转一圈花费的时间是不同的，这就是所谓的 Sagnac 效应。

根据 Sagnac 效应，当一环形光路在惯性空间绕垂直于光路平面的轴转动时，光路内相向传播的两列光波之间会因光波的惯性运动而产生光程差，从而导致两束相关光波的干涉。通过对涉光强信号的检测和解调,即可确定旋转角速度。

光纤陀螺仪具有很高的精度和灵敏度,比较先进的光纤陀螺仪的精度已经达到 0.010/h。

### (三)MEMS 陀螺仪

工业机器人采用的陀螺仪通常是 MEMS(微机电)陀螺仪,其精度并不如光纤陀螺仪和激光陀螺仪,需要参考其他传感器的数据才能实现其功能。但它具有体积小、功耗低、易于数字化和智能化等优点,特别是成本低,易于批量生产,所以在工业机器人领域获得了广泛的应用。

MPU-6050 是一个整合了 3 轴加速度计和 3 轴陀螺仪的 6 轴传感器,它极大地消除了加速度轴和陀螺仪轴之间的耦合关系,也极大地减小了器件的封装空间。其角速度全格感测范围为 ±250、±500、±1000 与 ±2000/s(dps)。

## 八、视觉传感器

科学家的研究成果表明,在人类对外界的全部感知信息中,约有 80% 是经由视觉系统获得的。视觉传感器在工业机器人领域中的应用也相当广泛。人们常用各种摄像头来获取视觉信息,而工业机器人中常用的视觉传感器可以分为二维视觉传感器和三维视觉传感器。

二维视觉传感器的分类较为简单,通常为单目摄像头系统,其根据感光元器件的不同可分为 CCD 视觉传感器、CMOS 视觉传感器和红外传感器等。二维视觉传感器在工业机器人中应用广泛,例如,管道机器人传感器子系统中就多采用单目摄像头来探察管道内的情况,并结合其他传感器对整个管道进行探测。摄像头主要由镜头、CCD 图像传感器、预中放、AGC、A/D、同步信号发生器、CCD 驱动器、图像信号形成电路、D/A 转换电路和电源电路等构成。

单目摄像头的工作原理如图 5-14 所示,从图中可知,被摄物体反射的光线传到镜头,经镜头聚焦到 CCD(或 CMOS)芯片上,CCD(或 CMOS)根据光线的强弱积聚相应的电荷,经周期性放电产生表示一幅幅画面的电信号,经过预中放电路放大、AGC 自动增益控制。同步信号发生器主要产生同步时钟信号(由晶体振荡电路来完成),即产生垂直和水平的扫描驱动信号,再传到图像处理 IC,然后经数模转换电路通过输出端子输出一个标准的复合视频信号。

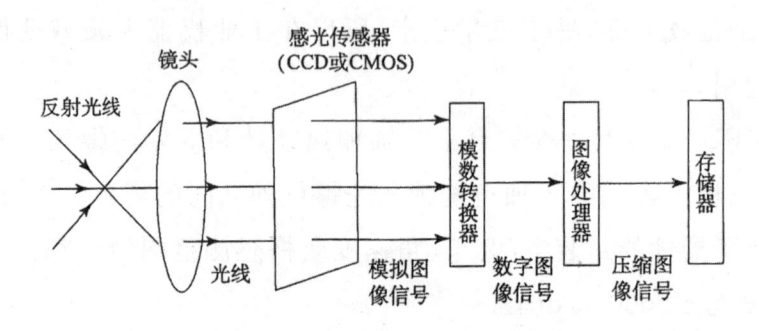

**图 5-14 单目摄像头的工作原理**

随着现代工业生产制造加工工艺的不断进步,产品加工过程的智能化和自动化程度进一步提高。自动化生产线上的产品在进入每一道工序前,都需要对产品进行基于视觉图像的检测。

目前在一些工业生产领域,基于图像二维视觉的检测技术已初步应用在生产线上的产品视觉检测和自动监控过程中,但二维视觉检测只能对产品的相对位置、形态、产品标记等二维投影特征进行判别和检测,这是单视点投影视觉检测,无法对产品的三维特征和表面参数进行高精度的测量和三维形态识别,因此二维视觉检测技术还远远不能满足现代工业生产发展过程中数字制造与智能制造和检测的需要。

用于三维重建的非接触测量技术是产品数字化制造及自动化加工过程迫切需要的。根据成像原理,三维视觉传感器的分类如图 5-15 所示。

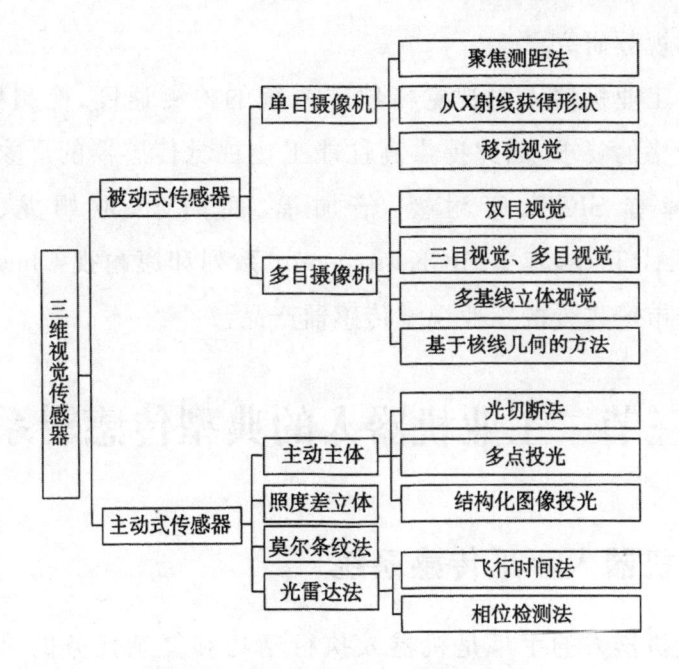

```
                              ┌─ 聚焦测距法
                   ┌─ 单目摄像机 ─┼─ 从X射线获得形状
                   │             └─ 移动视觉
        ┌ 被动式传感器┤
        │          │             ┌─ 双目视觉
        │          │             ├─ 三目视觉、多目视觉
        │          └─ 多目摄像机 ─┼─ 多基线立体视觉
三维视觉传感器┤                    └─ 基于核线几何的方法
        │          ┌─ 主动主体 ─┬─ 光切断法
        │          │            ├─ 多点投光
        │          │            └─ 结构化图像投光
        └ 主动式传感器┼─ 照度差立体
                   ├─ 莫尔条纹法
                   └─ 光雷达法 ─┬─ 飞行时间法
                                └─ 相位检测法
```

**图 5-15　三维视觉传感器的分类**

三维立体视觉传感器一般用于测量环境的三维信息，不仅能获取被测对象的物体信息，还能获取其尺度信息与深度信息。如图 5-16 所示，若已知两个摄像头的相对关系，基于三角测量原理可以计算出对象物体 $P$ 的三维位置。

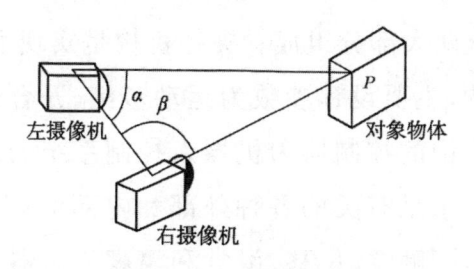

**图 5-16　立体视觉原理**

Bumblebee 双目摄像头是一款用于快速构建双目视频和双目图像及其重建研究的立体视觉组件，它在工业机器人中经常被使用。它由成像模块、机械防水外壳、采集控制模块组成。利用双目立体匹配计算，可实时得到场景深度信息和三维模型。该视觉传感器出厂时即做好相机及镜头的参数校正，适用于对室内室外各种环境下的

双目立体视频研究。

由于工业机器人对视觉传感器系统的检测速度、检测精度等有着较为严格的要求,因此提供高性能工业视觉传感器的厂家并不多,主流品牌有 SICK、康耐视、倍加福、西门子、欧姆龙、Banner、SENSOPART 等,其中 SICK Inspector 系列和康耐视 Checker 系列都是深受市场喜爱的工业视觉传感器产品。

## 第三节 工业机器人的典型传感器系统

### 一、机器人手爪传感系统

工业机器人的手爪是机器人执行精巧和复杂任务的重要部分。为了能够在存有不确定性的环境中进行灵巧、复杂、准确的操作,机器人手爪必须具有很强的环境信息感知能力,以实现快速、准确、柔顺地触摸、抓取、操作工件或装配工件。要具备所需感知能力,工业机器人就必须装备多传感器系统。

中国科学院合肥智能机械研究所研制的 EMR 机器人手爪由夹持机构和感觉系统两大部分组成。夹持机构是实现手爪开合功能的单自由度执行机构,主要设计参数为运动范围、开合速度、夹持力和定位精度。夹持机构的控制器为机器人控制系统的组成部分之一。感觉系统以感知与手爪有关的各种外部和内部信息为目的,以手爪内部的力觉、接近觉、触觉、位移、滑觉和温度传感器为基础,同时结合机器人状态信息,为工业机器人准确可靠地移动和抓取工件提供反馈信息。下面具体介绍 EMR 手爪传感系统的主要部件。

### (一)力觉传感器

EMR 机器人手爪的每根手指都有 4 个夹持面(应变梁),在每个夹持面上安装着 1 个夹持力传感器,它们能够检测沿夹持面法线方向传递的接触力。EMR机器人手爪上的一体化指力传感器按结构和用途可分为V形指力觉传感器和平行指力觉传感器。V形指构成一个抱紧式夹持机构,用于夹持工字形桁架或抓取单元。应变片贴在V形指的旋臂梁上,检测作用于梁上的正压力,分辨率为5%,检测范围为60kg内。手爪中部设置着两个平行相对的指力传感器,在每个指面的弹性体上粘贴应变片,测量作用于面上的正压力,测量范围为15kg内,并为夹持较小物体提供力反馈信息。同时,为了安全操作起见,每个指面装有特定形状的垫板,可适应被夹持件的表面形状。

## (二)接近觉传感器

EMR机器人手爪每根手指根部的4个水平面(V形指上表面的梁平面)和指尖的两个平面上各安装一个光电接近觉传感器。手指根部的接近觉传感器用于检测夹持面是否与其他物体接触;指尖的接近觉传感器用于检测指面和被抓物体上表面的相对距离,并进行手爪位置调整,防止在抓取物体时与被抓物体发生碰撞。光电接近觉传感器的测量范围为10mm内,此时对应的分辨率为1mm;测量范围在8mm内时,其分辨率可达0.5mm。

## (三)位移传感器

EMR机器人手爪的位移传感器采用增量式码盘原理,驱动电机的传动齿轮作为光调制器,用于检测两个手指、手面间的开合距离,为手爪控制器提供反馈信息。位移传感器的测量范围为86mm内,分辨率为1mm。由于EMR机器人的工作环境固定,操作对象的几何尺寸和工作位置已知,手指在开合方向上的位移信息与接近觉传感器和力觉传感器的感知信息融合,可提供更高的安全性和容错性。机器人手爪在抓紧状态下,其位移传感器可以测出被抓取物体在夹持方向上的尺寸,为感觉系统判断被抓物体的定位情况提供帮助。

哈尔滨工业大学研制的HIT智能手爪系统,是基于模块化设计思想进行结构安排的，主要由机械部分和控制电路部分组成。其机械部分由平行双指末端执行器模块、带有自动锁紧机构的被动柔顺RCC模块、指尖短距离激光测距传感器模块、激光扫描/测距传感器模块、触/滑觉传感器模块等构成。整个手爪本体高210mm，最大外径为132mm，质量小于25kg。多传感器手爪控制系统采用主从式总线型多处理器网络体系架构，由指尖短距离激光测距传感器信号处理模块、激光扫描/测距传感器信号处理模块、触/滑觉传感器信号处理模块、6维力/力矩传感器信号处理模块、平行双指末端执行器驱动模块、RCC锁紧机构驱动模块、总线管理器模块等构成。

哈尔滨工业大学与德国宇航中心合作，力求在DLR-Ⅱ型灵巧手的基础上研制新型灵巧手，最终研制出了新一代机器人灵巧手HIT/DLR。该灵巧手装置着多个传感器，并进行了传感器的高度集成和传感器信息的高度融合。HIT/DLR有4个相同结构的手指，共有13个自由度，机械零件达600多个，表面粘贴的电子元器件达1600多个，其手的尺寸略大于人手，整体质量为16kg，小于国内外同类机器人灵巧手。该灵巧手的手指结构与人手结构相同，每个手指有4个关节，由3个电机驱动，每个手指能提起1kg的重物。为了分别进行精确抓取和强力抓取，拇指还有一个旋转关节，能够实现基于数据手套的远程遥控作业。

多传感器配备是HIT/DLR的显著特点之一，它一共装有94个传感器，能够感知各个手指的位置、姿态。该灵巧手的每个手指自成模块，集机械本体、传感器、驱动器及各类电路板于一体，可通过4个螺钉与手掌部分实现机械连接，也可通过8个弹簧插针与本体实现电气连接，并且采用了快速连接器，实现了灵巧手与机械臂的快速、可靠连接。它还采用现场可编程门阵列，实现了灵巧手与控制器之间的信息传递，包括传感信息的采集、控制信号的发送等。该灵巧手指的运动情况利用非接触角度传感器检测，分辨率可达$0.5°$，手指还配置了2维力矩传感器、中指关节力矩传感器、6维指尖力/力矩传感器及温度传感器。所有传感器数据经12位A/D转换器,通过手指控制板FPGA的SPI端口采集,具有高速串行通信功能。此外,它还突破了以往DLR HandⅡ型灵巧手受到驱动器、机械结构等方面的限制,其实用功能大大增强。

北京航空航天大学机器人研究所研制出BH-3灵巧手。该灵巧手采用3指9自由度设计方案。它采用瑞士Maxon微型直流电机驱动,将9个电机全部置于手掌,大大缩短了钢丝绳的传动路线,使灵巧手的体积显著减小。在该灵巧手的手臂集成系统中分布了视觉、力觉、接近觉和位置等多种传感器,其中2套CCD摄像头分别提供臂和手运动空间的定位信息,与工业机器人PUMA560配置相同的6维腕力传感器和3维指端力传感器为该灵巧手提供力感知功能,9个指关节转角电位计为该灵巧手提供抓持空间位置信息,3个指端光纤接近觉传感器则为该灵巧手提供防碰功能信息。BH-3灵巧手的控制系统设计遵循了模块化思想,综合考虑系统的可靠性、实时性、灵活性、可扩展性及经济性等因素。系统采用两级多CPU集散控制结构,上层由一个CPU实现集中控制,完成规划协调任务,下层由多个CPU实现分散控制,每个CPU完成一个相对简单的单一任务,各CPU在上层CPU的统一协调下共同完成系统的整体任务。

BH-3灵巧手控制系统的原理是上层由一台PC机构成,作为系统的主控级,主要完成以下任务:

(1)用户与系统的交互接口;

(2)任务规划;

(3)抓持规划和轨迹规划,包括抓持点的选择、接触力的计算、坐标变换、任务空间和关节空间的实时插补等;

(4)高级控制算法,包括神经网络控制、模糊控制、力/位混合控制及参考时间可控的多指协调控制等控制方法;

(5) 与下位 CPU 的通信与协调，包括给各伺服控制器发送指令和从数据采集系统接收信息；

(6) 在臂—手协调系统中与操作臂进行协调。

## 二、装配机器人传感系统

装配作业在现代工业生产中占有十分重要的地位。统计资料表明，装配作业占产品生产劳动量的 50%～60%，在有些行业这一比例甚至会更高。例如，在电子厂的芯片装配、电路板生产中，装配工作占劳动量的 70%～80%。近年来，由于机器人的触觉和视觉技术在不断改善，现在已经把轴类零件投放于孔内的准确度提高到 0.01mm 之内，所以目前很多企业已逐步开始使用机器人装配复杂部件，如装配发动机、电动机、大规模集成电路板等。

FANUC 公司出产的一款用于装配作业的工业机器人其带有传感器，可以更好地从事那些需要柔顺操作的装配作业。在装配机器人中经常使用的传感器有视觉传感器、触觉传感器、接近觉传感器和力传感器。视觉传感器主要用于零件或工件的位置补偿、零件的判别和确认。触觉和接近觉传感器一般固定在机器人手爪指端，用来补偿零件或工件的位置误差，或用来防止碰撞。力传感器一般装在机器人的腕部，用来检测腕部的受力情况，一般在精密装配或去飞边、毛刺这类需要进行力控制的作业中使用。科学合理地配置传感器能有效降低机器人的价格，改善机器人的性能，提升其在工业生产中的应用效果。下面将围绕上述传感器进行详细介绍。

### （一）位姿传感器

在装配机器人中经常使用的位姿传感器主要包括远程中心柔顺（RCC）装置和主动柔顺装置。RCC 装置是机器人腕关节和末端执行器之间的辅助装置，其作用是使机器人末端执行器在需要的方向上增加局部柔顺性，而不会影响其他方向的精度；主动柔顺装置根据传感器反馈的信息对机器人末端执行器或工作台进行调整，补偿装配件间的位置偏差。

RCC装置由两块金属板组成，其中剪切柱在提供横侧向柔顺度的同时，保持轴向的刚度。实际上，一种装置只能在横侧向和轴向或只能在弯曲和翘起方向提供一定的刚性（或柔性），具体则必须根据需要来选择。每种装置都有一个给定的中心到中心的距离，此距离决定远程柔顺中心相对柔顺装置中心的位置。因此，如果有多个零件或许多操作需有多个RCC装置，就要分别选择。

从实质上看，RCC装置是一种具有多个自由度的弹性部件，常用于机械手夹持器，通过选择和改变弹性体的刚度可获得不同程度的适从性。RCC部件间的失调会引起转矩和力，通过RCC装置中不同类型的位移传感器可获得跟这些转矩和力成比例的电信号，使用该信号作为力或力矩反馈的RCC称为IRCC(Instrument Remote Control Centre)。Barry Wright公司出产的6轴IRCC可提供跟3个力和3个力矩成比例的电信号处理电路，该电路内部有微处理器、低通滤波器及12位数模转换器，可以输出数字和模拟信号。

主动柔顺装置根据传感方式的不同可分为基于力传感器的柔顺装置、基于视觉传感器的柔顺装置和基于接近觉传感器的柔顺装置。下面将对上面几种主动柔顺装置予以具体说明：

1. 基于力传感器的柔顺装置

使用力传感器的柔顺装置的目的一是有效控制力的变化范围，二是为了通过力传感器反馈的信息来感知位置信息，以便进行位置控制。就安装部位而言，力传感器可分为关节力传感器、腕力传感器和指力传感器。关节力/力矩传感器使用应变片进行力反馈，由于力反馈是直接加在被控制关节上的，且所有的硬件都用模拟电路实现，避开了复杂的计算过程，响应速度明显加快。腕力传感器安装于机器人与末端执行器的连接处，它能够获得机器人实际操作时的大部分腕力的信息,精度高,可靠性好,使用十分方便。常用的腕力传感器的结构包括十字梁式、轴架式和非径向三梁式,其中十字梁结构应用最为广泛。指力传感器一般通过应变片测量而产生多维力信号,常用于小范围作业,精度高,可靠性好,但多指协调操作比较复杂。

2.基于视觉传感器的柔顺装置

基于视觉传感器的主动适从位置调整方法是通过建立以注视点为中心的相对坐标系,对装配件之间的相对位置关系进行测量,其测量结果具有相对的稳定性,且测量精度与摄像机的位置相关。在进行螺纹装配的场合,可采用力觉传感器和视觉传感器采集的信息建立一个虚拟的内部模型,该模型根据环境的变化对规划的机器人运动轨迹进行修正;在进行轴孔装配的场合,采用二维PSD传感器来实时检测孔的中心位置及其所在平面的倾斜角度,PSD上的成像中心即为检测孔的中心。当孔倾斜时,PSD上所成的像为椭圆,通过与正常没有倾斜的孔所成图像的比较就可获得被检测孔所在平面的倾斜度。

3.基于接近觉传感器的柔顺装置

装配作业需要检测机器人末端执行器在环境中的位姿,多采用光电接近觉传感器来采集相关信息。光电接近觉传感器具有测量速度快、抗干扰能力强、测量点小和使用范围广等优点。但只用一个光电传感器不能同时测量距离和方位的信息,因此往往需要采用两个以上的传感器来完成机器人装配作业时的位姿检测任务。

## (二)柔顺腕力传感器

装配机器人在作业时经常会与周围环境发生接触,在接触过程中往往存在力和速度的不连续问题。腕力传感器安装在机器人手臂和末端执行器之间,离力的作用点更为接近,且受其他附加因素的影响较小,可以准确地检测末端执行器所受外力/力矩的大小和方向,为机器人提供力感知信息,从而有效地提升机器人的作业能力。

除了在前面介绍的应变片 6 维筒式腕力传感器和十字梁腕力传感器外,在装配机器人中还大量使用柔顺腕力传感器。柔性手腕能在机器人的末端操作器与环境接触时产生变形,吸收机器人的定位误差。柔性腕力传感器将柔性手腕与腕力传感器有机地结合在一起,不但可以为机器人提供力/力矩信息,而且其本身又是一种柔顺机构,可以产生被动柔顺,吸收机器人产生的定位误差,保护机器人本体、末端操作器和作业对象,提高机器人的作业能力。

柔性腕力传感器一般由固定体、移动体和连接二者的弹性体组成。固定体和机器人的手腕相连,移动体和末端执行器相连,弹性体是一种采用矩形截面的弹簧,其柔顺功能就是由这种能产生弹性形变的弹簧完成的。柔性腕力传感器利用测量弹性体在力/力矩作用下产生的变形量来计算力/力矩。

### (三)工件识别传感器

一般而言,工件识别(测量)的方法有接触识别、采样测量、邻近探测、距离测量、机械视觉识别等。

**1. 接触识别**

接触识别是指在一点或几点上通过接触来测量力,借以识别工件的方法。这种识别方法的精度一般不高。

**2. 采样测量**

采样测量是指在一定范围内连续测量,比如测量某一目标的位置、方向和形状等信息。在装配过程中的力和扭矩的测量都可以采用这种方法,这些物理量的测量对于装配过程非常重要。

**3. 邻近探测**

邻近探测属于非接触测量,目的是测量附近范围内是否有目标存在。有此作用的零件一般安装在机器人夹钳的内侧,探测被抓取目标是否存在及其方向、位置是否正确。被测量的器件可以是气动的、声学的、电磁的或光学的。

### 4. 距离测量

距离测量也属于非接触测量,目的是测量某一目标到某一基准点的距离。例如,在机器人夹钳内侧安装一只超声波传感器就可以进行这种测量。

### 5. 机械视觉识别

机械视觉识别方法可以测量某一目标相对于某一基准点的方向和距离。

## (四)视觉传感器

在装配过程中,机器人使用视觉传感系统可以解决零件的平面测量、字符识别(文字、条码、符号等)、完善性检测、表面检测(裂纹、刻痕、纹理)和三维测量。与人的视觉系统相类似,机器人的视觉系统是通过图像传感器和距离测定器来获取环境对象的图像、颜色和距离等信息,然后传递给图像处理器,并利用计算机从二维图像中理解和构造出三维世界的真实模型。

机器人视觉传感系统的工作原理:摄像机获取环境对象的图像信息,经 A/D 转换器转换成数字量,从而变成数字化图形。通常一幅图像划分为 $512 \times 512$(像素)或者 $256 \times 256$(像素),各像素点的亮度用 8 位二进制表示,即可表示 256 个灰度。图像输入以后进行各种处理、识别及理解,另外通过距离测定器采集距离信息,经过计算机处理得到物体的空间位置和方位;通过彩色滤光片再得到颜色信息。上述信息经图像处理器进行处理,提取特征,处理的结果再输出到机器人,以控制它进行相关动作。另外,作为机器人的眼睛视觉传感器不但要对所得到的图像进行静止处理,而且要积极地扩大视野,根据观察对象的具体情况,改变其"眼睛"的焦距和光圈。因此,机器人的视觉系统还应具有调节焦距、光圈、放大倍数和摄像机角度的装置。

在现代化自动生产线上,被装配工件的位置时刻在运动,属于环境不确定的情况。机器人进行工件抓取或装配时采用力和位置的混合控制难以奏效,这时可采用位置、力反馈和视觉融合的多传感器混合控制来进行工件的抓取或装配作业。多传感器信息融合装配系统由末端执行器、CCD 视觉传感器和超声波传感器、柔顺腕力传感器,以及相应的信号处理单元等构成。其中,CCD 视觉传感器安装在机器人末端执行器上,构成手眼视觉传感系统;超声波传感器的接收和发送探头也固定在机器人末端执行器上,由 CCD 视觉传感器获取待识别和抓取物体的二维图像,并引导超声波传感器获取深度信息;柔顺腕力传感器安装在机器人的腕部。

### 三、弧焊机器人传感系统

在焊接机器人家族中,弧焊机器人所占份额较大,其应用范围也较广,除了汽车制造行业以外,在通用机械制造、金属结构加工等许多行业中都能大显身手。弧焊机器人是包括各种焊接附属装置在内的焊接系统,而不只是以规划的速度和姿态携带焊枪移动的单机。

在弧焊作业中,要求焊枪跟踪焊件的焊道运动,并不断填充金属形成焊缝。因此,运动过程中速度的稳定性和轨迹的精确性是两项重要的考核指标。一般情况下,焊接速度为 $5\sim50\text{mm/s}$,轨迹精度为 $\pm(0.2\sim0.5)\text{mm}$。由于焊枪姿态对焊缝质量也有一定的影响,因此在跟踪焊道的同时,焊枪姿态的调整范围需要尽量大一些。此外,弧焊机器人还应具有抖动功能、坡口填充功能、焊接异常(如断弧、工件熔化等)检测功能、焊接传感器(起始点检测、焊道跟踪等)接口功能。作业时,为了得到优质的焊缝,操作人员往往需要在动作的示教及焊接条件(电流、电压、速度)的设定上花费大量的劳力和时间。

根据上述内容可以归纳出弧焊机器人在完成焊接作业时需要满

足的条件如下：

(1)弧焊机器人在实际焊接过程中，电流、电压实时显示并可通过示教盒进行微量调整；

(2)为防止弧焊机器人因意外碰撞受损，其上应装有防碰撞传感器和急停开关；

(3)弧焊机器人能对末端焊接速度和加速度进行控制；

(4)弧焊机器人能获取末端姿态并能对焊道进行识别与跟踪。

弧焊机器人需要通过加装多个传感器来保证以上几个条件，表 5-2 为弧焊机器人所用传感器特征比较的一览表。

表 5-2 弧焊机器人传感器特征比较

| 传感器类型 | 检测的抽象特征 | 功能 |
| --- | --- | --- |
| 接触觉传感器 | 接头坐标 | 轨迹移动 |
| 弧信号传感器 | 接头坐标 | 焊缝跟踪 |
| 电感传感器 | 接头坐标 | 焊缝跟踪 |
| 加速度传感器 | 速度，加速度 | 加速度、速度检测 |
| 视觉传感器 | 熔池表面形状焊丝情况 | 焊缝跟踪、熔透控制 |

用于焊缝跟踪的接触式传感器主要是依靠在坡口中滚动或滑动的触指将焊枪与焊缝之间的位置偏差反映到检测器内，并利用检测器内装的微动开关判断偏差的极性。

目前，判断位置偏差的极性和大小的接触式检测器主要有激光式、电位计式、电磁式和光电式等几种。

用于焊缝跟踪的非接触式传感器种类很多，主要有电磁传感器、光电传感器、超声波传感器、红外传感器及 CCD 视觉传感器等，它们各有优缺点，其中光电、超声、红外都是基于激光三角测量原理。

激光焊缝跟踪传感器和被动视觉传感器的优缺点的详细对比如表 5-3 所示。

表 5-3  激光焊缝跟踪传感器和被动视觉传感器的优缺点一览表

| 比较项 | 激光类焊缝跟踪传感器 | | 视觉传感器 | |
| --- | --- | --- | --- | --- |
| 图像处理 | 简单 | 优点 | 复杂 | 缺点 |
| 高度偏差的提取 | 三角测量法,容易 | | 难 | |
| 获取接头形式信息 | 容易 | | 较难 | |
| 目前应用情况 | 多 | | 少 | |
| 价格 | 便宜 | | 昂贵 | |
| 传感器结构 | 简单 | | 复杂 | |
| 测量点与施焊点的距离 | 无或少量 | | 有一定距离 | |
| 获取熔池信息 | 可以 | | 不能 | |
| 最小对接焊缝间隙尺寸 | 能检测紧密对焊接缝 | | 不能检测紧密对接焊缝 | |

## 四、管道机器人传感系统

管内作业机器人是一种可沿管道内壁行走的特种机器人,它可以携带一种或多种传感器及操作装置(如 CCD 摄像机、位置和姿态传感器、超声波传感器、涡流传感器、管道清理装置、管道裂纹及管道接口焊接装置、防腐喷涂装置、简易操作机械手等),在操作人员的遥控下进行一系列的管道检测维修作业。

根据管道机器人的驱动模式,大致可将管道机器人分成如表 5-4 所示的 8 种类型。

表 5-4  管道机器人分类

| 驱动模式 | 特点 |
| --- | --- |
| 流动式 | 无驱动装置,随管内流体流动 |
| 轮式 | 轮式机构驱动前进 |
| 甩带式 | 履带机构驱动前进 |
| 腹壁式 | 通过伸张的机械臂紧贴管道内壁,推动机器人前进 |
| 行走式 | 通过机械足驱动,需要大量的驱动器,难以控制 |
| 站动式 | 像蚯蚓一样通过身体伸缩前进 |

续表

| 驱动模式 | 特点 |
| --- | --- |
| 螺旋式 | 驱动机构做旋转运动,像螺旋一样转动前进 |
| 蛇型 | 分布式多关节,像蛇一样前进 |

在工业机器人中,最常用的是履带式管道机器人和轮式管道机器人,这主要是由其机动灵活、性能稳定和扩展性强等特点所决定的。

根据工作环境,管道机器人可以配置不同的传感器去完成不同的工作。管内作业机器人可以利用超声波传感器测量障碍物的位置和大小,以及管内表面的腐蚀和损失状况;可以利用电涡流传感器检测管道裂纹、腐蚀情况;可以利用激光检测器和微型CCD摄像机摄取管道内部状况及定位;对于导磁材料制成的管道,可以采用漏磁检测法对管道进行探伤等。在此主要介绍超声波传感器、红外传感器、CCD摄像机、触觉传感器和电涡流传感器。

### (一)超声波传感器

超声波是一种20kHz以上的声波,具有直线传播功能。利用超声波传感器能够方便、迅速地实现测距,容易做到实时控制,并且其价格较低、信息处理简单,因而被广泛用于移动机器人测距中,用来实现避障、定位和导航等。超声波测距的原理十分简单,渡越时间法是其常用的方法。

超声波传感器是用来测量声波源与被测物体之间距离的。首先,传感器发射一组高频声波,若遇到障碍物就会反弹,并被接收,通过公式计算就可以得到传感器与被测物体之间的距离值。虽然超声波传感器具有较多的优点,但也存在一些缺点,如反射问题和交叉问题等,而且对近距离物体测量时存在较大的盲区(一般为20~50cm),所以需要与其他一些传感器搭配使用。

### (二)红外传感器

红外线是一种不可见光,其波长范围在 $0.76\sim1000\mu m$。红外传感系统是以红外线为介质的测量系统,一般由探测器、光学系统、信号调理电路和显示单元组成(探测器是核心)。红外距离传感器的测距原理是利用红外信号与障碍物距离的不同,反射的强度也不同而进行远近距离测量的。红外测距传感器一般具有一对红外信号发射和接收二极管,发射管发射特定频率的红外信号,接收管则接收这种频率的红外信号。当红外信号沿检测方向传播遇到障碍物时,红外信号反射回来被接收管接收,经过处理之后,通过数字传感器接口返回到机器人主机,机器人即可利用红外的返回信号来判断物体的远近。红外传感器是近距离传感器,具有探测视角小、方向性好、角度分辨高的特点,能在较短时间获得大量的测量数据。红外传感器一般与超声波传感器搭配使用,实现优势互补,以获得对环境整体更好的测量效果。

### (三)电涡流传感器

电涡流传感器主要由探头、延伸电缆、前置器3个部分组成,其探头主要由框架和安置在框架上的线圈组成;延伸电缆为连接探头与前置器的信号传输线;前置器主要用来实现信号的发生、变换、提取和处理。电涡流传感器检测原理是电涡流效应(当金属导体置于变化的磁场中,导体内就会产生呈涡状流动的感应电流现象,这一效应称之为电涡流效应)。但涡流的形成必须具备两个条件:一是存在交变磁场;二是被测对象处于交变磁场中。前置器中信号发生部分产生的高频振荡电流通过延伸电缆流入线圈,在探头端部的线圈中产生交变磁场,与在交变磁场下的被测金属导体共同组成了电涡流传感器系统。

依据电涡流效应在被测对象上产生磁场反作用于探头线圈引起相关参数的变化,将非电量转换为对应参数的电量变化从而达到探测的目的。

电涡流的工作原理:当线圈中通有交变电流 $I_1$ 时,由于电流的变化,在线圈周围就会产生交变磁场 $H_1$,由电磁感应定律可知,当被测对象靠近探头线圈,处于磁场作用范围内时,金属体表面层中就会出现感应电流,由于此电流为闭合电流(称电涡流 $I_2$),它又产生了一个与 $H_1$ 反向的磁场 $H_2$,阻碍磁场 $H_1$ 的变化,从而导致线圈中阻抗 $Z$、电感量 $L$ 及品质因数 $Q$ 发生变化,这种变化就反映了被测体的电涡流效应。

涡流的大小与被测对象的电阻率 $p$、磁导率 $\mu$、尺寸因子 $r$、励磁电流 $I$ 中某一参数是其他参数的单一变量,这就构成了测量不同变量(参数)用的一种涡流式传感器。

# 第六章 工业机器人编程

## 第一节　工业机器人的编程方式

工业机器人的编程方式主要有 3 种：①示教编程；②离线编程；③SDK 应用开发。示教编程指操作人员在工作现场，通过示教盒编程，因此又称在线编程或现场编程。离线编程则不必在环境嘈杂的现场，而是通过软件在计算机里重建整个工作场景的三维虚拟环境，软件可根据加工零件的大小、形状、材料，配合软件操作者的一些操作，自动生成机器人的控制程序。SDK 应用开发则是基于机器人厂商提供的开发接口对机器人进行控制。开发接口为通用的编程语言，如 C/C++、Java、Python 等，以一台计算机为控制中心，连接多台机器人设备或外围设备对整个系统进行控制。

三种编程方式具有不同的优缺点。示教编程最为简单，不需要额外的编程软件和中控计算机，由机器人的控制器对机器人和相关外围设备进行控制，成本较低。但它仅适合简单的任务，对复杂的任务（如空间复杂曲线规划）则难以适用。离线编程采用图形化方式对整个工作场景进行模拟，比较直观，同时可通过图形技术对机械臂的期望运动轨迹进行提取并对规划的运动进行验证，对于复杂流水线的设计和节拍控制具有很好的帮助作用，能大幅缩短开发时间；但离线编程需另外购买软件，成本较高，且支持的外围设备有限。SDK 应用开发因接口函数采用通用编程语言,故在对外围设备的支持方面具有很大优势。但需要一台额外的计算机作为中控,这增大了成本,同时对开发人员的要求较高,需要其具有一定的编程能力。

这三种编程方式的比较见表6-1。

表6-1 工业机器人编程方式的比较

| 编程方式 | 优点 | 缺点 |
| --- | --- | --- |
| 示教编程 | 1.编程门槛低、简单方便、不需要环境模型<br>2.对实际的机器人进行示教时,可修正机械结构带来的误差 | 1.示教编程过程烦琐、效率低<br>2.精度完全靠示教者的目测决定,对于复杂的路径示教难以取得令人满意的效果<br>3.示教盒种类太多,学习量太大<br>4.示教过程容易发生事故,轻则撞坏设备,重则撞伤人<br>5.对实际的机器人进行示教时要占用机器人 |
| 离线编程 | 1.安全,不需要与实际机器人接触<br>2.开发周期短,调试便捷<br>3.不占用机器人,不影响工业生产 | 1.对于简单轨迹的生成,没有示教编程的效率高,如在搬运、码垛及点焊上的应用,这些应用只需示教几个点,用示教盒很快就可搞定;而对于离线编程来说,还需要搭建模型环境,如果不是出于方案的需要,显然这部分工作的投入与产出不成正比<br>2.模型误差、工件装配误差、机器人绝对定位误差等都会对其精度有一定的影响,需要采用各种办法来尽量消除这些误差<br>3.成本较高,离线编程软件需要另外购买<br>4.视觉、六维力/力矩等传感器难以正确仿真<br>5.开发的程序不能直接用于实际工况,还需要进行调整 |
| SDK应用开发 | 1.通用性最好,能更好地与外围设备集成<br>2.扩展性好,适合开发工艺包 | 1.成本较高,需要配备中控计算机<br>2.对开发人员的要求较高,需要具备较好的编程能力 |

# 第二节　工业机器人的示教编程

## 一、工业机器人示教的主要内容

示教编程的主要内容包括工业机器人 TCP 的运动轨迹、作业条件及作业顺序。另外,工业机器人程序中包含了一连串控制工业机器人的指令,这也是操作人员在示教时设计编写的。

### (一)运动轨迹

运动轨迹是工业机器人完成某一作业时,其末端经过的路径。从运动方式上看,工业机器人有点对点(PTP)和连续轨迹(CP)两种运动形式;从运动路径上看,工业机器人有直线和圆弧两种运动类型。任何复杂的运动轨迹都是由它们组合而成的。

工业机器人运动轨迹上的点不需要全部示教,对于有规律的轨迹,原则上只需要示教几个程序点。例如,对于直线轨迹,只需要示教直线起始点和直线结束点;对于圆弧轨迹,需要示教圆弧起点、圆弧中间点和圆弧结束点。

工业机器人运动轨迹的示教主要是用于确认程序点的属性,包括位置坐标、插补形式及动态参数。

1. 位置坐标

位置坐标是描述工业机器人 TCP 运动过程中经过的点的空间位置坐标,可以用关节坐标或者直角坐标表示。

2. 插补形式

插补形式是工业机器人再现运动时,从前一个程序点移动到当前程序点的运动形式。工业机器人常用的插补形式主要有关节插补、直线插补和圆弧插补。所谓的轨迹插补运算是伴随着轨迹控制过程一步步完成的,而不是在得到示教点之后一次完成,再提交给再现过程的。

3. 动态参数

动态参数是工业机器人再现运动时的参数,包括再现速度、再现加速度、再现减速度和逼近形式等。

## (二)作业条件

为了获得好的产品质量和作业效果,在轨迹示教再现之前,有必要合理配置工业机器人的作业条件。例如,工业机器人进行弧焊作业时的电流、电压、保护气体流量;进行点焊作业时的电流、压力、时间和点焊钳类型;进行喷涂作业时的涂料吐出量、选泵、气压和电压等。工业机器人作业条件的输入方式有3种。

1. 使用作业条件文件

输入作业条件的文件称为作业条件文件。例如,当工业机器人进行弧焊作业时,焊接条件文件有引弧条件文件、熄弧条件文件和焊接辅助条件文件。每种文件的调用由具有相应编号的文件指定。

由于工业机器人应用领域的不同,其控制系统所安装的作业软件包也有所不同,如弧焊作业软件、电焊作业软件、搬运作业软件、码垛作业软件、压铸作业软件、装配作业软件等。

2. 在作业命令的附加项中直接设定

采用该方法进行作业条件设定时,需要根据不同工业机器人指令的语言形式,对程序条件进行必要的编辑。对于附加项的修改,则主要通过示教器的相应按键来实现。

3. 手动设定

在某些应用场合,有关作业参数的设定需要手动进行,如弧焊作业的保护气体流量、点焊作业的焊接参数等。

## (三)作业顺序

作业顺序的设置主要包含两个方面:作业对象的工艺顺序及工

业机器人和外围设备的动作顺序。

**1. 作业对象的工艺顺序**

在完成某些简单的作业时,一般将工艺顺序和工业机器人的运动轨迹整合在一起。也就是说,工业机器人在完成运动轨迹的同时,完成作业工艺。

**2. 工业机器人和外围设备的动作顺序**

在完整的工业机器人系统中,除了工业机器人本身外,还包括一些外围设备,如变位机、移动滑台、自动工具快换装置等。工业机器人在完成相应作业时,其控制系统应与这些外围辅助设备有效配合,互相协调,以减少停机时间,降低设备故障率,提高设备的安全性,并获得理想的作业质量。

## 二、示教编程的基本步骤

操作人员进行示教编程时,一般包含5个主要工作环节:工艺分析、运动规划、示教编程、程序调试和再现运行。

### (一)工艺分析

工艺分析是对现场的宏观分析,并把整个生产系统作为分析对象。工艺分析可以改善生产过程中不合理的工艺内容、工艺方法、工艺程序和作业现场的空间配置。工业机器人的工艺分析根据所要实现任务的不同而有所不同。例如,在进行搬运任务时,需要保证工业机器人使用科学合理的搬运方法,避免产品在搬运过程中发生磕碰而影响质量。又如,在完成机床上下料任务时,工业机器人的搬运工艺包含"与机床交换信息""抓取工件""与机床交换工件""放置工件"等一系列任务,这些运动都需要在示教之前进行工艺分析,以保证工业机器人在实施程序时,其运动过程完整、正确。

### (二)运动规划

运动规划是运动过程中每个时刻工业机器人的路径规划。在实际应用中需要根据实际需要规划工业机器人的运动轨迹,即根据任务要求,通过一定的方法,选取其中的关键点进行定位,示教需要移动到的位置、移动方式、移动速度等,然后根据需要添加各种应用命令。

通常工业机器人的运动轨迹应设定成封闭型曲线,并分解成自由曲线、直线、圆弧的组合。一般情况下,工业机器人的基本运动轨迹包括其从原点开始运动到实际作业的起始位置,执行作业,到达作业结束位置,回到起始点结束的过程。

### (三)示教编程

示教编程的过程包括示教前准备好调试工具,首先,根据控制信号配置I/O接口信号,设定工具坐标系和工件坐标系;其次,在编程过程中,需要使用示教器编写程序,同时示教目标点;最后,设定工业机器人的作业条件,保证工作过程的完整性。

#### 1. 示教前的准备

(1)安全措施确认。工业机器人的安全管理者及从事安装、操作、保养工作的人员在操作工业机器人运行期间要保证安全,在确保自己及相关人员的安全后再进行操作。

(2)工件处理。在进行工业机器人示教编程前,需要对操作工件进行适当的处理。例如,对焊接的钢板进行处理,包括使用钢刷、砂纸等工具对钢板表面的铁锈、油污等杂质进行清理,利用夹具将钢板固定在工作台上等。

(3)工具确认。在进行编程前,还需要对工业机器人操作的工具进行确认,如工业机器人焊枪位置和参数的设置、工业机器人夹具的气路连接等。

(4)工业机器人状态确认。即确认工业机器人原点、速度和坐标系等。可以通过工业机器人机械臂各关节处的标记或调用原点程序复位工业机器人,来确认工业机器人的原点位置是否正确。检查当前工业机器人运行的坐标系,根据需要检测的目标选择坐标系。检查当前工业机器人的速度倍率,进行示教操作前,需要注意速度倍率不要太高,一般在30%以内。

2. 示教编程程序

示教编程程序是为保证工业机器人完成某项任务而设计的动作顺序描述,主要包括确定工业机器人的动作流程、规划运动轨迹、确定示教点及编写程序。

3. 设定作业条件

如工业机器人焊接作业条件中,设定焊接开始和结束规范、焊接动作顺序,调节保护气体流量、合理配置焊接参数等。

### (四)程序调试

在完成工业机器人程序的编辑后,通常需要对程序进行手动调试。调试的目的有两个:一是检查程序中的位置点是否正确,有无缺漏;二是检查程序中的逻辑控制是否合理和完善。一般采用以下方式来确认工业机器人示教轨迹是否与期望轨迹一致。

1. 单步运行

通过逐行执行当前行的程序语句,工业机器人实现两个临近程序点间的单步正向或反向移动。工业机器人每执行一道程序,动作都会暂停,直到操作者执行下一行指令。

2. 连续运行

通过连续运行示教程序,从程序的起始行执行到程序末尾,工业机器人完成所有程序点的正向连续运动,从而判断工业机器人作业是否符合预期要求。

### (五)再现运行

示教操作经过程序调试无误后,将工业机器人调为"再现/自动"位置,运行示教过的程序,完成对作业的再现。工业机器人自动再现的启动方式有两种：一种是利用示教器的"Start"按钮来启动程序，适合作业任务编辑和测试阶段；另一种是利用外部设备输入信号启动程序，输入信号可以由外部按钮或PLC实现，适合具有外部控制器的工业机器人工作站。

工业机器人示教编程的流程如图6-1所示。

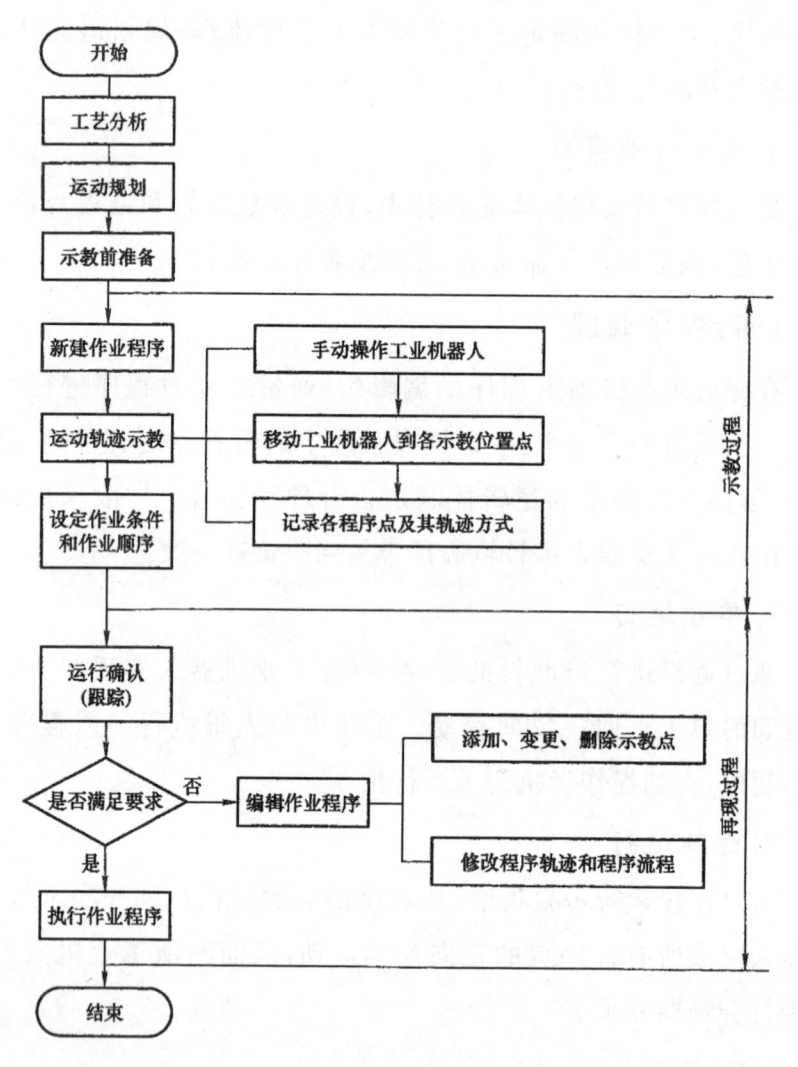

图6-1 工业机器人示教编程的流程

### 三、HR20 型工业机器人的示教编程

目前,机器人的编程语言还不是通用语言,各机器人生产厂商都有自己的编程语言,如 ABB 机器人编程采用 RAPID 语言,FANUC 机器人采用 KAREL 语言。虽然各生产厂商的机器人编程语言的语法规则和语言形式有所不同,但机器人所具有的功能基本相同,其关键特性也十分相似。只要掌握了某厂商机器人的示教和编程方法,其他厂商的机器人编程也就容易上手了。

#### (一)HR20 型工业机器人的示教编程语言

HR20 型工业机器人采用 KEBA 公司开发的 KAIRO 编程语言,这种编程语言属于终端用户程序语言,是一种编译型程序设计语言。KAIRO 编程语言的编程方式同 C 语言十分相似,编程方式简单易懂,具有很好的可读性,便于改进、扩展和移植。

KAIRO 编程语言的基本格式如下:

(1)KAIRO 编程语言采用模块化结构进行编程,机器人程序由一个项目文件(Project)组成,项目由若干个子程序构成。这些子程序根据不同的用途建立,是用于完成特定任务的基本功能单元。

(2)KAIRO 语言有且只有一个主程序模块,程序名为"MAIN"。主程序是程序执行的入口,机器人通电后,无论工程内包含多少个程序,始终是从 MAIN 程序开始执行,到 MAIN 程序结束。其他程序可被主程序调用或相互调用,共同实现控制功能。

(3)KAIRO 编程语言的程序代码由英文大小写字母、数字和下划线组成。KAIRO 语言保留了一些特殊的字符,它们具有固定的名称和含义。

(4)KAIRO 机器人程序是由程序模块与系统模块组成的。用户通过建立程序模块来编写机器人的程序,系统模块多用于系统对机器人的控制之用,一般不需要用户来进行修改。

(5)机器人程序模块由一系列程序指令和程序数据组成。程序指令是用户对机器人下达的命令,以实现对机器人的运动控制和流程控制;程序数据则是机器人程序中的设定值和定义的一些环境数据,用于机器人控制中的输入/输出、设置等。

## (二)变量监控与变量管理

KAIRO编程语言中,程序运行过程中值保持不变的量称为常量(Constant),值可以改变的量则称为变量(Variable)。变量需要具备变量名、变量数据类型和变量值。变量的建立和赋值都可以在变量管理界面中实现。

### 1. 变量数据类型

KAIRO编程语言的变量数据类型包括:基本数据类型、位置数据类型、动力学及重叠优化型数据类型、坐标系统和工具变量数据类型、输入输出模块数据类型。各种数据类型的说明见表6-2~表6-6。

表6-2 基本数据类型说明

| 数据类型 | 定义关键字 | 表示范围 | 功能 |
| --- | --- | --- | --- |
| 布尔型 | BOOL | TRUE 或 FALSE | 用于表示逻辑关系、状态标志位等 |
| 整型(有符号) | DINT | $-2147483648 \sim 2147483647$ | 整数,有正数、负数之分。用于工件计数、数量增减等 |
| 双字整型(无符号) | DWORD | $0 \sim 4294967296$ | 整数,以十六进制数表示,没有负数 |
| 单精度浮点数 | REAL | $-10^8 \sim 10^5$ | 用于算数运算 |
| 双精度浮点数(64位) | LREAL | $-10^{12} \sim 10^{12}$ | 用于算数运算,数据长度较单精度浮点数长 |
| 字符型 | STRING | — | 用于示教器输出字符 |

表 6-3　位置数据类型说明

| 数据类型 | 定义关键字 | 分量数目 | 功能 |
| --- | --- | --- | --- |
| 关节偏移型变量 | AXISDIST | 6 | 相对当前位置6个轴的偏移角度 |
| 关节坐标型变量 | AXISPOS | 6 | 工业机器人6个轴的关节坐标值 |
| 外部关节坐标型变量 | AXISPOSEXT | 6 | 工业机器人外部轴的关节坐标值 |
| 直角坐标偏移型变量 | CARTDIST | 6 | 相对当前位置直角坐标系的偏移距离 |
| 直角坐标面型变量 | CARTFRAME | 6 | 直角坐标面 |
| 直角坐标型变量 | CARTPOS | 6 | 工业机器人当前位置直角坐标值 |
| 外部直角坐标型变量 | CARTPOSEXT | 6 | 工业机器人外部轴直角坐标值 |

表 6-4　动力学及重叠优化数据类型说明

| 数据类型 | 定义关键字 | 分量数目 | 功能 |
| --- | --- | --- | --- |
| 动态参数型变量 | DYNAMIC | 12 | 设定机器人的运动速度和逼近方式等 |
| 绝对逼近参数型变量 | OVLABS | 12 | |
| 相对逼近参数型变量 | OVLREL | 12 | |
| 叠加逼近型变量 | OVLSUPPOS | 12 | |

表 6-5　坐标系统和工具变量数据类型说明

| 数据类型 | 定义关键字 | 功能 |
| --- | --- | --- |
| 直角坐标系型变量 | CARTREFSYS | 建立工件坐标系 |
| 外部直角坐标系型变量 | CARTREFSYSEXT | 需要在 IEC 程序中调用功能块 RCE-SetPirame |
| 运动的直角坐标系型变量 | CARTREFSYSVAR | 外部 PLC 功能块通过端口映射赋给工业机器人参考直角坐标系 |
| 工具坐标系型变量 | TOOL | 建立工具坐标系 |

表 6-6　输入输出模块数据类型说明

| 数据类型 | 定义关键字 | 功能 |
| --- | --- | --- |
| 模拟量输入型变量 | AIN | 链接模拟量输入信号 |
| 模拟量输出型变量 | AOUT | 链接模拟量输出信号 |

续表

| 数据类型 | 定义关键字 | 功能 |
| --- | --- | --- |
| 开关量输入型变量 | DIN | 链接开关量输入信号 |
| 字输入型变量 | DINW | 链接字型输入信号 |
| 开关量输出型变量 | DOUT | 链接开关量输出信号 |
| 字输出型变量 | DOUTW | 链接字型输出信号 |
| 整型输入型变量 | IIN | 链接整型输入信号 |
| 整型输出型变量 | IOUT | 链接整型输出信号 |
| 字符串输入型变量 | STRINGIN | 链接字符串输入信号 |
| 字符串输出型变量 | STRINCOUT | 链接字符串输出信号 |

**2. 基本运算符**

KAIRO 编程语言具有丰富、灵活的运算符。利用各种运算符可以完成各种特定的运算。KAIRO 编程语言的运算符按照功能可分为算术运算符、关系运算符、逻辑运算符等。

(1)算术运算符。算术运算符说明见表 6-7。

表 6-7　算术运算符说明

| 运算符 | 名称 | 功能 | 备注 |
| --- | --- | --- | --- |
| ＋ | 加 | 相加 | 均为双目运算符<br>优先级："＊""/""MOD"高于"＋""－"<br>操作对象：可以是常量、变量、表达式<br>"＋""－""＊""/"运算操作数为整型、浮点型数据，MOD 运算操作数必须为整型<br>结合方向：自左至右 |
| － | 减 | 相减 | |
| ＊ | 乘 | 相乘 | |
| / | 除 | 整型除以整型,结果取整；浮点型除以浮点型,结果取商 | |
| MOD | 取余 | 整型除以整型,结果取余数 | |

(2)关系运算符。关系运算符用来比较两个运算量的大小关系，其运算结果是一个布尔量(TRUE 或者 FALSE)。关系运算符说明见表 6-8。

表 6-8 关系运算符说明

| 运算符 | 名称 | 功能 | 备注 |
| --- | --- | --- | --- |
| > | 大于 | 是否大于 | 双目运算符 |
| >= | 大于或等于 | 是否大于或等于 | 优先级:"="/"<>"高于"<""<="">=" |
| < | 小于 | 是否小于 | 操作对象:常量、变量、表达式和子程序 |
| <= | 小于或等于 | 是否小于或等于 | 操作数:整型、实型数据 |
| = | 等于 | 是否等于 | 运算结果:TRUE 或者 FALSE |
| <> | 不等于 | 是否不等于 | 结合方向:自左至右 |

（3）逻辑运算符。逻辑运算符用来对两个运算量进行逻辑运算。如果操作数是布尔量,那么结果也是布尔量;如果操作数是 DWORD 型数据,那么按照十六进制进行按位逻辑运算。逻辑运算符说明见表 6-9。

表 6-9 逻辑运算符说明

| 运算符 | 名称 | 功能 | 备注 |
| --- | --- | --- | --- |
| AND | 逻辑与运算符 | 逻辑与/按位与运算 | 优先级:NOT 高于其他运算符;AND、OR 和 XOR 低于关系运算符,高于赋值运算符;AND、OR 和 XOR 的结合方向是自左至右;NOT 的结合方向是自右向左 操作对象:变量、常量、表达式 |
| OR | 逻辑或运算符 | 逻辑或/按位或运算 | |
| XOR | 逻辑异或运算符 | 逻辑异或/按位异或运算 | |
| NOT | 逻辑非运算符 | 逻辑非/按位非运算 | |

# 第三节 工业机器人的离线编程

离线编程通过三维建模软件,在电脑里重建整个工作场景的虚拟环境,软件可根据要加工零件的大小、形状、材料,配合软件操作者的一些操作,自动生成机器人的运动轨迹,即控制指令,然后在软件中仿真与调整轨迹,最后生成机器人程序传输给机器人。离线编程克服了在线示教编程的很多缺点,充分利用了计算机的功能,减少了编写机器人程序需要的时间成本,降低了在线示教编程的不便。目前离线编程广泛应用于打磨、去毛刺、焊接、激光切割和数控加工等机器人新兴应用领域。

示教编程离不开示教盒,离线编程离不开离线编程软件,目前市场上的离线编程软件主要有 RobotArt、Robotmaster、RobotWorks、RobotStudio 等。

离线编程的基本流程(图 6-2):①建立机器人和操作环境的三维模型,这一步一般在 CAD 软件中建立模型,然后将模型导入离线编程软件中;②编制工艺工序,确定机器人完成任务的方式和步骤;③在离线编程软件中提取关键路点信息,提取出复杂的轨迹,如工件的轮廓线;④生成并验证机器人的运动,利用软件碰撞检测功能检测机器人与环境是否发生碰撞;⑤生成机器人控制程序;⑥由于实际环境与仿真环境存在一定的偏差,因此在实际部署时还需进行适当的修正。

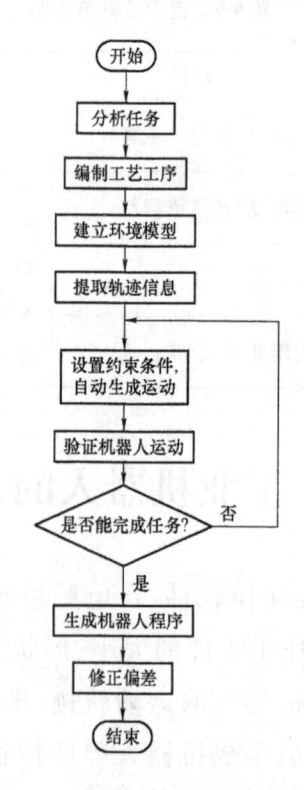

图 6-2 离线编程的基本流程

# 第七章 工业机器人工作站及自动生产线

## 第一节 工业机器人工作站

工业机器人是一种具有若干个自由度的机电装置,孤立的一台工业机器人在生产中没有任何实用价值,只有根据作业内容、工作形式、质量和大小等工艺因素,给工业机器人配以相适应的辅助机械装置等周边设备,工业机器人才能成为实用的加工设备。在这种构成中,工业机器人及其控制系统应尽量选用标准装备,对于个别特殊的场合需设计专用工业机器人和末端操作器等辅助设备及其他周边设备,根据应用场合和工件特点的不同存在较大差异。因此,这里只能阐述一般的典型工业机器人工作站的构成。

工业机器人工作站的开发方向如下。

工业机器人工作站的自动化:工业机器人能够解放人的双手,将人从恶劣的劳动环境中替换出来,但是由于环境及技术原因,仍有很多工作是无法通过工业机器人自动完成的,比如汽车行业常见的螺柱焊,由于送钉问题,一直无法很好地解决自动焊接问题。这就成为工业机器人发展的一个前沿方向。

工业机器人工作站的精度化:对于人工来说,使用工业机器人最大的优点就是能够保证工作的精确性,最大限度地保证工作质量。目前,为了提高工业机器人工作站的精度,研究专家也从各个方面出发提高工业机器人性能，比如采用先进的工业机器人运动学算法，能够更好地控制工业机器人各个伺服电机的运动，从而保证工业机器人运动的精度。

工业机器人工作站管理的数字化和人性化：这要求工业机器人工作站的管理软件、控制系统具有相当的人性化、智能化，以提高生产和管理性能。

工业机器人工作站的柔性化：产品更新换代日益频繁，这要求工业机器人工作站能够最快地从一种产品切换到另一种产品，以降低生产成本。同时，由于场地、产品复杂性等问题的出现，工业机器人工作站能够在不同的要求下完成不同的工作。这就要求工业机器人工作站在设计时拥有较高的柔性。比如，工业机器人工作站采用双工业机器人协调控制，其中一个工业机器人夹持工件，另一个工业机器人夹持作业工具，这样就能够适应不同的产品加工而不用更换夹具，极大地方便了生产并降低了成本。

# 一、工业机器人工作站的组成和特点

## （一）工业机器人工作站的组成

工业机器人工作站是指使用一台或多台工业机器人，配以相应的周边设备，用以完成某特定工序作业的独立生产系统，也可称为工业机器人工作单元。它主要由工业机器人及其控制系统、辅助设备及其他周边设备构成。

工业机器人工作站是以工业机器人作为加工主体的作业系统。由于工业机器人具有可再编程的特点，当加工产品更换时，可以重新编写工业机器人的作业程序，从而达到系统柔性的要求。

需要注意的是，工业机器人只是整个作业系统的一部分，作业系统包括工装、变位器、辅助设备等周边设备，因此应该对它们进行系统集成，使之构成一个有机整体，这样才能完成任务，满足生产需求。

工业机器人工作站系统集成一般包括硬件集成和软件集成。硬件集成需要根据需求对各个设备接口进行统一定义，以满足通信要求；软件集成则需要对整个系统的信息流进行综合，然后控制各个设备按流程运转。

构建工业机器人工作站是一项较为灵活多变、关联因素甚多的技术工作。构建工业机器人工作站的一般原则有前期必须充分分析作业对象，拟订最合理的作业工艺；工作站必须满足作业的功能要求和环境条件；工作站必须满足生产节拍要求；工作站整体及各组成部分必须完全满足安全规范和标准；工作站各设备和控制系统应具有故障显示和报警装置；工作站应便于维护修理；工作站操作系统应简单明了，便于操作和人工干预；工作站操作系统应便于联网控制；工作站应便于组线；工作站应经济，实惠，可快速投产，等等。

### (二)工业机器人工作站的特点

工业机器人工作站的特点如下：

#### 1. 技术先进

工业机器人集精密化、柔性化、智能化、软件应用开发等先进制造技术于一体，通过在作业过程中进行检测、控制、优化、调度、管理和决策，实现增加产量、提高质量、降低成本、减少资源消耗和环境污染的目的，是工业自动化水平的最高体现。

#### 2. 技术升级

工业机器人与自动化成套装备具有精细制造、精细加工和柔性生产等技术特点，是继动力机械、计算机之后出现的全面延伸人的体力和智力的新一代生产工具，是实现生产数字化、自动化、网络化和智能化的重要手段。

#### 3. 应用领域广泛

工业机器人与自动化成套装备是实施生产的关键设备，可用于制造、安装、检测、物流等生产环节,并广泛应用于汽车整车及汽车零部件、工程机械、轨道交通、低压电气电力、IC装备、烟草、金融、医药、冶金及印刷出版等行业。

4. 技术综合性强

工业机器人与自动化成套技术集中并融合了多项学科,涉及多个技术领域,包括工业机器人控制技术、工业机器人动力学及仿真技术、工业机器人构建有限元分析技术、激光加工技术、模块化程序设计技术、智能测量技术、建模加工一体化技术、工厂自动化技术,以及精细物流技术等先进技术,技术综合性强。

## 二、弧焊机器人工作站

### (一)弧焊的原理

弧焊是指在电极与焊接母材之间接上电源装置,在其间通以低电压、大电流,放电产生电弧,电弧又产生巨大热量使母材(有时因焊接方式不同,还包括焊接线材在内)熔化并连接在一起。弧焊原理如图 7-1 所示。

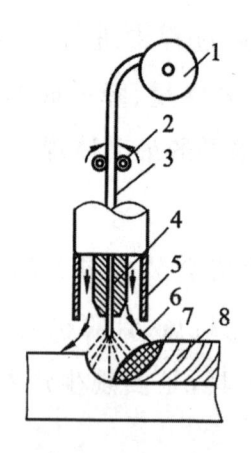

图 7-1 弧焊原理

1—焊丝盘 2—送丝滚轮 3—焊丝 4—导电嘴
5—保护气体喷嘴 6—保护气体 7—熔池 8—焊缝金属

由于弧焊的焊接强度高,焊缝的水密性和气密性好,可以减轻构造件的质量,因此弧焊广泛应用于造船、建筑、工业机械、车辆等领域。按照电极是否为消耗电极分类,弧焊分为熔极式和非熔极式两种。熔极式弧焊有气体保护弧焊、自保护弧焊、埋弧焊等,非熔极式弧焊有钨极惰性气体(TIG,Tungsten Inert Gas)保护焊、等离子弧焊等。由于弧焊机器人不受焊接姿态的限制,而且电弧看得见,容易控制,所以气体保护弧焊中的金属极气体(MAG,Metal Active Gas)保护焊、金属极惰性气体(MIG,Metal Inert Gas)保护焊等的应用很广泛。由于在弧焊时焊丝周围不断形成氧化活性气体二氧化碳或二氧化碳与氩气混合保护气流,因此弧焊适用于软钢或低合金钢的焊接。仅采用二氧化碳气体进行保护的弧焊称为二氧化碳气体保护焊。MIG保护焊的惰性保护气体通常为氩气或氮气等,它适用于不锈钢、镍合金、铜合金等的焊接。

### (二)弧焊机器人工作站介绍

弧焊机器人工作站系统由弧焊机器人系统、焊接系统、焊枪清理装置和夹具变位系统组成,如图7-2所示。弧焊机器人工作站一般由弧焊机器人(包括弧焊机器人本体、弧焊机器人控制柜、示教盒、焊接电源和接口、送丝机构、焊丝盘支架、送丝软管、焊枪、防撞传感器、操作控制盘及各设备间相连接的电缆、气管和冷却水管等)、弧焊机器人机座、工作台、工件夹具、围栏、安全保护设施和排烟罩等组成,必要时可再加一套焊枪喷嘴清理及剪丝装置,如图7-3所示。简易弧焊机器人工作站的一个特点是焊接时工件只是被夹紧固定而不变位。

可见,除夹具须根据工件情况单独设计外,其他的都是标准的通用设备或简单的结构件。简易弧焊机器人工作站由于结构简单,可由工厂自行成套,工厂只需购进焊接机器人,其他可自行设计制造和成套。但必须指出的是,这仅仅就简易焊接机器人工作站而言,较为复杂的焊接机器人工作站最好还是由弧焊机器人工程应用开发单位提供成套交钥匙服务。

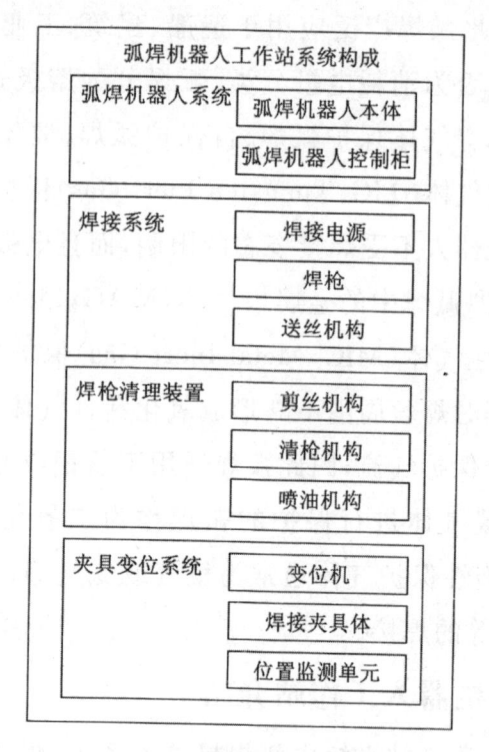

图 7-2 弧焊机器人工作站系统

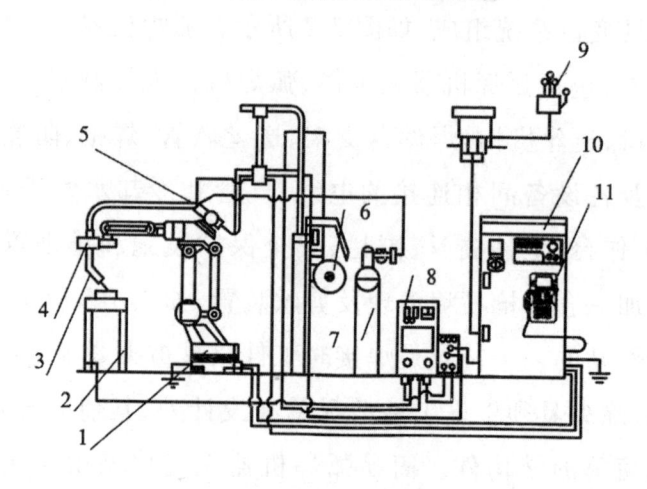

图 7-3 弧焊机器人工作站

1—弧焊机器人 2—工作台 3—焊枪 4—防撞传感器 5—送丝机构 6—焊丝盘
7—气瓶 8—焊接电源 9—三相电源 10—弧焊机器人控制柜 11—编程器

弧焊机器人的应用范围很广,除了汽车行业外,弧焊机器人在通用机械、金属结构、航空、航天、机车车辆及造船等行业都有应用。目前应用的弧焊机器人适应多品种中小批量生产,配有焊缝自动跟踪传感器(如电弧传感器、激光视觉传感器等)和熔池形状控制系统等,可根据环境的变化进行一定范围内的适应性调整。

弧焊过程(图7-4)比点焊过程要复杂得多,工具中心点(TCP),也就是焊丝端头,它的运动轨迹、焊枪姿态、焊接参数都要求做到精确控制。所以,弧焊机器人除了前面所描述的一般功能外,还必须具备一些满足弧焊要求的功能。虽然从理论上讲有5个轴的工业机器人可以用于弧焊,但是对于复杂形状的焊缝,用有5个轴的工业机器人会有一定的困难。因此,除非焊缝比较简单,否则应尽量选用六轴工业机器人。弧焊机器人除在做"之"字形拐角焊或小直径圆焊缝焊接时,其轨迹除了应能贴近示教的轨迹外,还应具备不同摆动样式的软件功能供编程时选用,以便做摆动焊,而且摆动在每一周期中的停顿点处,弧焊机器人应自动停止向前运动,以满足工艺要求。此外,弧焊机器人还应有接触寻位、自动寻找焊缝起点位置、电弧跟踪和自动再引弧等功能。

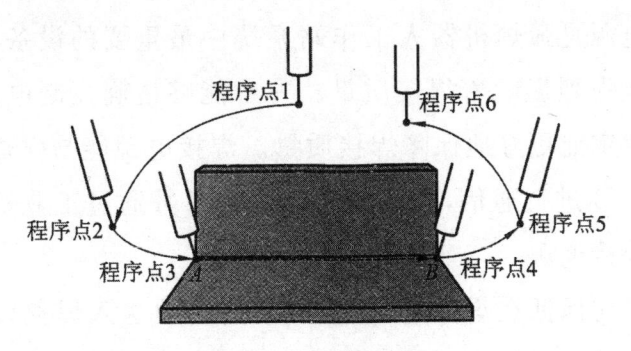

图 7-4 弧焊过程

操作人员通过示教盒操作弧焊机器人本体,使其末端运动至所需的轨迹点,记录该点各关节伺服电机编码器信息,并通过命令的形式确定运动至该点的插补方式、速度、精度等,然后由弧焊机器人控制器按照这些命令查找相应的功能代码并存放到某个指定的示教数据区。弧焊机器人控制柜中的计算器将其转换成各个轴运动的脉冲。弧焊机器人本体的运动精度与其伺服电机有着很大的关系。弧焊机器人能够根据速度和精度合理安排各个轴的运动方式,一般弧焊机器人的速度和精度是相互制约的。为了获得较高的焊接速度,往往在一些转角比较大的地方会由于运动惯性而不能得到高的精度;就不得不牺牲一定的速度,以获得高的精度。这在焊接一些大转角焊缝时必须注意。

再现时,弧焊机器人控制器将自动逐条读取示教命令和其他相关数据,并对其进行解读、计算;做出判断后,将相应控制信号和数据送至各关节伺服系统,驱动弧焊机器人精确地再现示教动作,我们把这个过程称为"自动翻译"。

## (三)弧焊机器人工作站的外围设备

弧焊机器人工作站外围设备包括焊接电源、送丝机构、焊枪、剪丝器、焊枪清理装置(由剪丝机构、清枪机构和喷油机构组成)、保护气装置。这些设备在弧焊机器人控制柜的控制下与弧焊机器人工作站系统配合完成弧焊任务。

焊接电源是弧焊机器人工作站系统中最重要的设备,因为焊接电源的性能强烈影响着焊接质量。一台能够精确控制电压、电流的焊接电源肯定能更好地保障焊接质量。焊接电源能与弧焊机器人控制柜通过I/O进行通信,焊接信号和焊接参数通过工业机器人控制柜传递给焊接电源。

送丝机构保证在焊接过程中,不断均匀地送入焊丝以补充焊丝的消耗。在送丝过程中,送丝机构应保证送丝的稳定、均匀,否则容易卡住送丝机构,从而造成送丝困难,影响焊接质量。送丝机构绑定在弧焊机器人上,其大小、重量对弧焊机器人的空间运动有着一定的影响,太大和太重的送丝机构往往会增加弧焊机器人的负荷,增大弧焊机器人的运动惯性,从而降低弧焊机器人运动时的稳定性和精确性。

剪丝机构采用焊枪自触发结构设计,不需要再使用电磁阀对它进行控制,这简化了电气控制。在焊枪工作一段时间后,其内部可能存在一些焊渣,为了保证焊接质量,需要通过清枪机构定期清理焊渣。硅油能更好地到达焊枪喷嘴的内表面,确保焊渣与喷嘴不会发生死粘连。清枪喷硅油装置设计在清枪机构中,弧焊机器人通过一个动作就可以完成喷硅油和清枪的过程。在控制上清枪喷硅油装置仅需要一个启动信号就可以按照规定好的动作顺序启动。

目前,使用较多的焊接保护气是二氧化碳保护气和氩保护气。这两种保护气有其各自的优缺点,由于二氧化碳气体热物理性能的特殊影响,在使用常规焊接电源时,焊丝端头熔化金属不可能形成平衡的轴向自由过渡,因此通常需要采用短路和熔滴缩颈爆断的措施。因此,与 MIG 保护焊自由过渡相比,二氧化碳气体保护焊飞溅较多。但如果采用优质焊机,并且参数选择合适,二氧化碳气体保护焊可以完成很稳定的焊接过程,使飞溅降低到最小的程度。由于所用保护气体价格低廉,采用短路过渡时焊缝成形良好,加上使用含脱氧剂的焊丝即可获得无内部缺陷的高质量焊接接头,因此,二氧化碳气体保护焊目前已成为黑色金属材料最重要的焊接方法之一。在使用氩保护气时,氩保护气不参与熔池的冶金反应,因此氩气体保护焊适用于各种质量要求较高或易氧化的金属材料,如不锈钢、铝、钛、锆等的焊接,但成本较高。也有保护气体以氩为主,加入适量的二氧化碳(15%～30%)或氧气(0.5%～5%)。与二氧化碳气体保护焊相比,这种保护焊焊接规范较宽,成形较好,质量较佳;与熔化极惰性气体保护焊相比,这种保护焊熔池较活泼,冶金反应较佳。

考虑到一些特殊零件的焊接,如圆管的环缝焊,弧焊机器人工作站系统采用带外部回转轴的变位机与弧焊机器人协同运动的方式来保证最佳的焊接姿态。外部回转轴可以单独转动,也可以与弧焊机器人保持一定的速度关系协同转动。使用外部回转轴让弧焊机器人在焊接时可以轻松到达一些以往难以到达的位置,外部轴回转同样可以与弧焊机器人协作,以获得具有特殊形状的焊缝。外部回转轴上固定着工件夹具,工件夹具根据工件定制,对工件起固定作用。

为了使弧焊机器人工作站具有更大的柔性,不少弧焊机器人工作站系统开始采用一台工业机器人夹持工件,另一台工业机器人进行作业的方式。其中,夹持工件的工业机器人称为夹持机器人,进行作业的机器人称为作业机器人。由于工业机器人灵活性大,所以不用针对不同工件设计专用夹具,同时,夹持机器人自身也有很高的自由度,可以与作业机器人相配合,二者协同进行各种复杂轨迹的作业。这也是目前弧焊机器人工作站系统的发展方向。但是这种方式也存在着缺点,即由于夹持机器人的夹头不能夹持太重的工件,所以一些大型的工件无法通过这种方式完成焊接。这种工作方式适合小而复杂的工件,由于采用了夹持机器人,因此可以在同一个工作站内针对不同的工件进行作业,这与传统夹具相比有着很大优势。

还有一种降低生产成本、提高弧焊机器人工作站柔性化程度的方式,就是采用工具转换器这一外围设备。这也是弧焊机器人工作站系统的一个发展方向。工具转换器适用于弧焊机器人在工作中需要变换作业工具的场合。在实际生产中,弧焊机器人工作站遇到的一个很频繁的问题就是一个工件往往需要经过多种焊接工艺才能完成焊接,比如一个汽车盖板,往往需要点焊和螺柱焊这两种焊接工艺。如果不采用工具转换器,就必须使用两个弧焊机器人工作站,一个对工件做点焊,一个对工件做螺柱焊,这不仅增加了投入成本(因为增加了一个工业机器人工作站),而且工件不能一次性焊接完成,降低了生产效率。工具转换器的出现解决了这一问题,做完螺柱焊后,只需进行转换焊枪的操作,即可完成工作。工具转换器的结构分为两个部分,一部分安装在弧焊机器人的法兰盘上,另一部分安装在作业工具上,工作时,将相应的转换器结构对接,即可实现水电气的无缝结合。目前,工具转换器大多采用模块化设计,实际中需要的模块,比如额外的通信模块、额外的强电模块等,可以单独配置,这极大地丰富了弧焊机器人的应用范围。

操作控制盒是操作人员直接和弧焊机器人进行人机交互的设备。通过使用操作控制盒,操作人员能够简单高效地对弧焊机器人进行控制。操作控制盒上一般设有伺服接通、报警指示、紧急停止、系统启动、异常复位等按钮,通过这些按钮可以完成不同的控制功能。

中大型的弧焊机器人工作站往往会配有专门的PLC控制器,专门的PLC控制器能够提供更加复杂的功能、更加可控的操作和更加人性化的人机界面。常用的PLC厂家如西门子公司、欧姆龙公司等拥有具有强大功能的专用PLC编辑器。专门的PLC控制器在工厂环境中起着维护整个弧焊机器人工作站的稳定和高效的作用。

另外,弧焊机器人工作站还有其他一些常见的外围设备,比如三色灯、蜂鸣器等,这些外围设备可为弧焊机器人工作站系统提供一些辅助功能。

### (四)弧焊机器人技术的发展趋势

1. 光学式焊接传感器

当前较为普及的焊缝自动跟踪传感器为电弧传感器。但在进行焊枪不宜抖动的薄板焊接或对焊时,电弧传感器具有局限性。因此,采用下述3种方法检测焊缝:第一种,把激光束投射到工件表面,通过光点位置检测焊缝;第二种,让激光透过缝隙,然后投射到与焊缝正交的方向,通过工件表面的缝隙光迹检测焊缝;第三种,用CCD摄像机直接监视焊接熔池,根据弧光特征检测焊缝。目前,光学式焊接传感器有若干课题尚待解决,例如,光源和接收装置(CCD摄像机)必须做得很小很轻才便于安装在焊枪上,以及光源投光与弧光、飞溅、环境光源的隔离技术等。

2. 标准焊接条件设定装置

为了保证焊接质量,在作业前应根据工件的坡口、材料等情况正确选择焊接条件(包括焊接电流、焊接电压、焊接速度、焊枪角度和接近位置等)。以往的做法是按各组件的情况凭经验试焊,找出合适的焊接条件。这样的做法使得时间和劳动力的投入都比较大。目前,有一种标准焊接条件设定装置已经问世,并进入实用阶段。它利用微机事先把各种焊接对象的标准焊接条件存储下来,作业时以人机对话的形式从中加以选择即可。

3. 离线示教

离线示教大致有两种方法:一种是在生产线外另外安装一台主导工业机器人,用它模仿焊接作业的动作,然后将制成的示教程序传送给生产线上的弧焊机器人;另一种是借助计算机图形技术,在CRT上按工件与工业机器人的配置关系对焊接动作进行仿真,然后将示教程序传给生产线上的弧焊机器人。需要提请注意的是,后一种方法还遗留若干课题有待今后进一步研究,如工件和周边设备图形输入的简化,弧焊机器人、焊枪和工件焊接姿态检查的简化,焊枪与工件干涉检查的简化等。

4. 逆变电源

在弧焊机器人工作站系统的周边设备中有一种逆变电源,它靠集成在机内的控制器来控制,因此能极精细地调节焊接电流。它将在加快薄板焊接速度、减少飞溅、提高效率等方面发挥作用。

## 三、点焊机器人工作站

点焊机器人在汽车焊装生产线中被大量使用,用于焊接车门、底板、侧围、车身总成等。点焊机器人工作站在目前的汽车生产线中多为多台点焊机器人同时作业,生产线两侧排列多台点焊机器人,输送机械将车体传送到不同工位后,多台点焊机器人同时进行作业,形成流水作业,这大大提高了工作效率。汽车焊装生产线可以按照工位划分成多个工作站,每个工作站由点焊机器人、点焊机器人控制柜、工装夹具、焊接系统(包括焊钳、焊接电源)、气动系统、冷却系统组成,有时还需快换装置,以在焊接过程中换装不同的焊钳。整条汽车焊装生产线还需配套中央控制器(PLC 或计算机)。

一般装配一台汽车的车体需要完成 3000～4000 个焊点,而其中的 60% 是由点焊机器人完成的。在有些大批量汽车生产线上,服役的点焊机器人高达 150 台。汽车工业引入点焊机器人已取得了下述明显效益:①改善多品种混流生产的柔性;②提高焊接质量;③提高生产率;④把工人从恶劣的作业环境中解放出来。今天,点焊机器人已成为汽车生产行业的支柱之一。

### (一)点焊原理

点焊是一种将被焊接材料重叠后用电极加压,在短时间内通以大电流,使加压部分局部熔化实现结合的电阻焊接方法。点焊原理如图 7-5 所示。

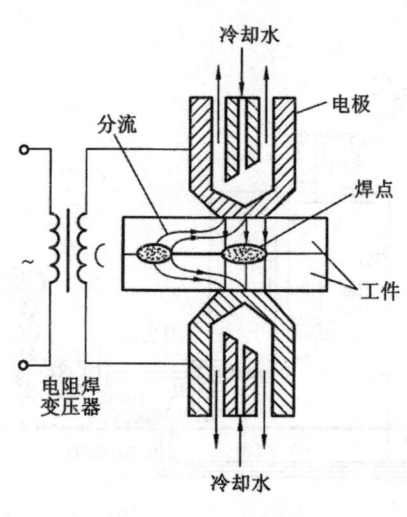

图 7-5 点焊原理

熔融的结合部位被称为熔核,形成熔核的焊接条件为电极前端的直径、施加的压力、焊接电流、通电时间等。与其他焊接相比,点焊的条件相对简单。

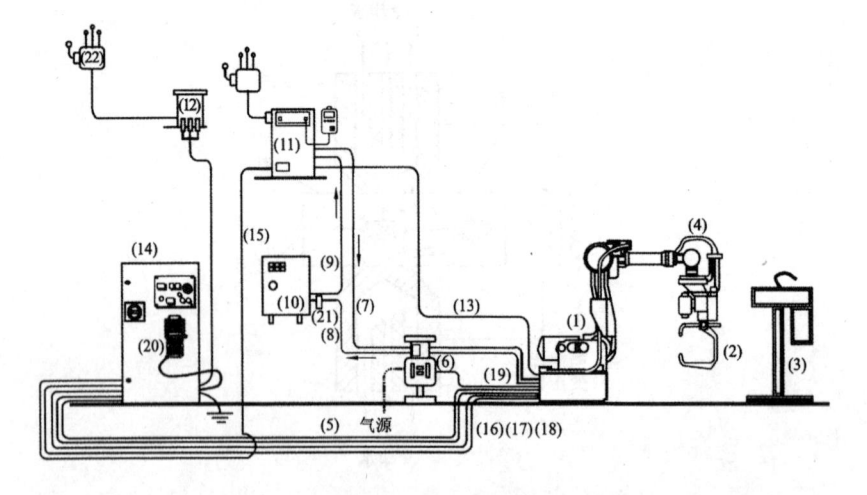

### (二)点焊机器人工作站的组成

点焊机器人工作站主要由点焊机器人本体、点焊机器人控制器、焊钳(含阻焊变压器),以及水、电、气等辅助部分组成。点焊机器人工作站系统原理如图 7-6 所示,点焊机器人工作站的组成和组成设备列表分别如图 7-7、表 7-1 所示。

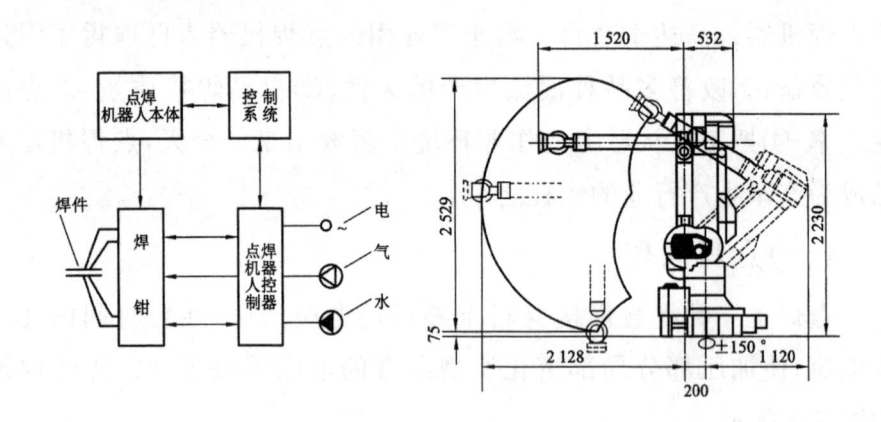

图 7-6 点焊机器人工作站系统原理

图 7-7 点焊机器人工作站的组成

表 7-1　点焊机器人工作站的组成设备列表

| 设备代号 | 设备名称 | 设备代号 | 设备名称 |
| --- | --- | --- | --- |
| (1) | 点焊机器人本体(ES165D) | (12) | 点焊机器人变压器 |
| (2) | 伺服焊钳 | (13) | 焊钳供电电缆 |
| (3) | 电极修磨机 | (14) | 点焊机器人控制柜 DX100 |
| (4) | 手首部集合电缆(GISO) | (15) | 点焊指令电缆(I/F) |
| (5) | 焊钳伺服控制电缆 S1 | (16) | 点焊机器人供电电缆 2BC |
| (6) | 气/水管路组合体 | (17) | 点焊机器人供电电缆 3BC |
| (7) | 焊钳冷水管 | (18) | 点焊机器人控制电缆 1BC |
| (8) | 焊钳回水管 | (19) | 焊钳进气管 |
| (9) | 点焊控制箱冷水管 | (20) | 点焊机器人示教器(PP) |
| (10) | 冷水阀组 | (21) | 冷却水流量开关 |
| (11) | 点焊控制箱 | (22) | 电源提供 |

## (三)点焊机器人焊接条件

焊接电流、通电时间和电极加压力被称为点焊机器人焊接的三大条件。在点焊机器人焊接过程中,这三大条件互相作用,具有非常紧密的联系。

### 1. 焊接电流

焊接电流是指点焊机器人变压器的二次回路中流向焊接母材的电流。在普通的单相交流式电焊机中,在点焊机器人变压器的一次侧流通的电流,将乘以与点焊机器人变压器线匝比(指一次侧的线匝数 $N_1$ 和二次侧的线匝数 $N_2$ 的比,即 $N_1/N_2$)后流向点焊机器人二次侧。在合适的电极加压力下,大小合适的电流在合适的时间范围内导通后,接合母材间会形成共同的熔合部,熔合部在冷却后形成接合部(熔核)。但是,电流过大会导致熔合部飞溅出来(飞溅)及电极黏结在母材(熔敷)上等故障现象。此外,还会导致熔接部位变形过大。

### 2. 通电时间

通电时间是指焊接电流导通的时间。在焊接电流值固定的情况下改变通电时间,会导致焊接部位能够达到的最高温度不同,从而导致形成的接合部大小不一。一般而言,选择小的焊接电流值、延长通电时间不仅会造成大量的热量损失,而且会导致对不需要焊接的地方进行加热。特别是对像铝合金等热传导率好的材料及小零件等进行焊接时,必须使用充分大的焊接电流,在较短的时间内焊接。

### 3. 电极加压力

电极加压力是指加载在焊接母材上的压力。电极加压力起到了接合部位位置的夹具的作用,同时电极本身起到了保证焊接电流导通稳定的作用。设定电极加压力时,有时也会采用在通电前进行预压、在通电过程中进行减压、在通电末期再次增压等特殊的方式。电极加压力的具体作用包括破坏表面氧化污物层、保持良好的接触电阻、提供促进焊件熔合的压力、热熔时形成塑性环、防止周围气体侵入、防止液态熔核金属沿板缝向外喷溅。此外,还有一个影响到熔核直径大小的条件,那就是电极顶端直径(面积)。焊接电流值固定不变时,电极顶端直径(面积)越大,焊接电流的密度则越小,在相同时间内可以形成的熔核直径也就越小。

好的焊接条件是指焊接电流、通电时间合适,能够形成与电极顶端直径相同的熔核。此外,焊接母材的板材厚度的组合在某种程度上也决定了熔核直径的大小。因此,板材厚度的组合决定了,则使用的电极顶端直径也就决定了,相关的电极加压力、焊接电流及通电时间的组合也就可以决定了。如果想要形成比板材厚度还大的熔核,则需要选择具有更大顶端面积的电极,当然同时还需要使用较大的焊接电流以保证获得所需的电流密度。

### 4. 点焊机器人焊钳

焊钳是指将点焊用的电极、焊枪架、加压装置等紧凑汇总的焊接装置。点焊机器人焊钳从用途上可分为C形焊钳和X形焊钳两种。C形焊钳用于点焊垂直位置及近于垂直倾斜位置的焊缝,X形焊钳则主要用于点焊水平位置及近于水平倾斜位置的焊缝。点焊机器人焊钳安装在点焊机器人末端,是受焊接控制器与点焊机器人控制器控制的一种焊钳。点焊机器人的焊钳具有环保、焊接时轻柔接触工件、低噪声、能提高焊接质量、有超强的可控性等特点。

**5. 点焊机器人选用或引进时的注意事项**

在选用或引进点焊机器人时,必须注意以下几点。

(1)必须使点焊机器人实际可达到的工作空间大于焊接所需的工作空间。焊接所需的工作空间由焊点位置和焊点数量确定。

(2)点焊速度与生产线生产速度必须匹配。首先根据生产线生产速度和焊点数量确定单点工作时间,而点焊机器人的单点焊接时间(含加压时间、通电时间、维持时间、移位时间等)必须小于此值,即点焊速度应大于或等于生产线的生产速度。

(3)按工件的形状和种类、焊缝位置选用焊钳。垂直位置及近于垂直倾斜位置的焊缝选用 C 形焊钳,水平位置及近于水平倾斜位置的焊缝选用 X 形焊钳。

(4)应选内存容量大、示教功能全、控制精度高的点焊机器人。

(5)在需采用多台点焊机器人时,应确定是否采用多种型号,并考虑与多点焊机及简易直角坐标工业机器人并用等问题。当点焊机器人间隔较小时,应注意动作顺序的安排,可通过点焊机器人群控或相互间的连锁作用避免干涉。

根据上面的条件,再从经济效益、社会效益方面进行论证后,方可决定是否采用点焊机器人及所需点焊机器人的台数、种类等。

**6. 点焊机器人技术的发展动向**

目前正在开发一种新的点焊机器人工作站系统。这种系统力图把焊接技术与 CAD 技术、CAM 技术完美地结合起来,以提高生产准备工作的效率,缩短产品设计投产的周期,从而取得更高的效益。该系统拥有关于汽车车体结构信息、焊接条件计算信息和点焊机器人机构信息的数据库，CAID系统利用该数据库可方便地进行焊枪选择和点焊机器人配置方案的设计。至于示教数据，则通过网络、磁带或软盘输入点焊机器人控制器。点焊机器人控制器具有很强的数据转换功能，能针对点焊机器人本身不同的精度和工件之间的相对几何误差及时进行补偿，以保证工作精度。与传统的手工设计、示教系统相比，该系统可以节省50％的工作量，把设计至投产的周期缩短。现在点焊机器人正在向汽车行业之外的电机、建筑机械行业普及，能适应该系统的焊接机器人也正在开发中。

## 四、装配机器人工作站

装配是产品生产的后续工序，在制造业中占有重要地位，在人力、物力、财力消耗中占有很大比例。作为一项新兴的工业技术，装配机器人应运而生。装配机器人是指在工业生产中，用于装配生产线上对零件或部件进行装配的机器人，它属于高、精、尖的机电一体化产品，是集光学技术、机械技术、微电子技术、自动控制技术和通信技术于一体的高科技产品，具有很高的功能和附加值。

装配机器人在工业机器人各应用领域中只占很小的份额。究其原因，一方面，装配操作本身比焊接、喷涂、搬运等复杂；另一方面，工业机器人装配技术目前还存在一些亟待解决的问题。例如，装配环境要求高，装配效率低，缺乏感知与自适应的控制能力，难以完成变动环境中的复杂装配；装配机器人的精度要求较高，易出现装不上或卡死的现象。尽管存在上述问题，但由于装配具有重要的意义，因此装配领域仍将是未来工业机器人技术发展的焦点之一。

### （一）装配机器人工作站的组成

装配机器人由主体、驱动系统和控制系统3个基本部分组成。主体即机座和执行机构，包括臂部、腕部和手部。大多数装配机器人有3~6个自由度，其中腕部通常有1~3个自由度。驱动系统包括动力装置和传动机构,用于使执行机构产生相应的动作。控制系统按照输入的程序对驱动系统和执行机构发出指令信号,并进行控制。

带有传感器的装配机器人可以更好地顺应操作对象进行柔性的操作。装配机器人经常使用的传感器有视觉传感器、触觉传感器、接近觉传感器和力传感器等。视觉传感器主要用于零件或工件的位置补偿,零件的判别、确认等。触觉传感器和接近觉传感器一般固定在指端,用来补偿零件或工件的位置误差,并防止碰撞等。力传感器一般装在腕部,用来检测腕部受力情况,一般在精密装配或去飞边这一类需要力控制的作业中使用。

装配机器人进行装配作业时,除了装配机器人主机、手爪、传感器外,零件供给装置和工件搬运装置也尤为重要。无论是从投资的角度来看还是从安装占地面积的角度来看,它们都比装配机器人主机所占的比例大。周边设备常用可编程控制器控制,此外一般还要有台架和安全栏等设备。

1. 零件供给装置

零件供给装置主要有给料器和托盘等。

给料器:用振动或回转机构把零件排齐,并将零件逐个送到指定位置。

托盘:大零件或者容易磕碰划伤的零件加工完毕后一般应放在被称为托盘的容器中运输,托盘能按一定的精度要求把零件放在给定的位置上,然后由装配机器人一个一个地取出。

2. 工件搬运装置

在机器人装配线上,工件搬运装置承担把工件搬运到各作业地点的任务。工件搬运装置中以传送带居多。工件搬运装置的技术问题是停止精度、停止时的冲击和减速振动问题。减速器可用来吸收冲击能。

### (二)常见的装配机器人

常见的装配机器人有水平多关节型工业机器人、直角坐标型工业机器人和垂直多关节型工业机器人。

#### 1. 水平多关节型工业机器人

水平多关节型工业机器人是装配机器人的典型代表。它共有两个回转关节,上下移动和手腕的转动四个自由度。最近开始在一些水平多关节型工业机器人上装配各种可换手爪,以增加通用性。可换手爪主要有电动手爪和气动手爪两种:气动手爪相对来说比较简单,价格便宜,因而在一些要求不太高的场合用得比较多;电动手爪造价比较高,主要用在一些特殊场合。

#### 2. 直角坐标型工业机器人

直角坐标型工业机器人具有3个直线移动关节,空间定位只需要三轴运动,末端姿态不发生变化。该工业机器人的种类繁多,从小型、廉价的桌面型到较大型应有尽有,而且可以设计成模块化结构以便加以组合,是一种很方便的工业机器人。它虽然结构简单,便于与其他设备组合,但其工作空间与占地面积之比较小,即与其占地面积相比,工作空间较小。

#### 3. 垂直多关节型工业机器人

垂直多关节型工业机器人通常是由转动轴和旋转轴构成的六自由度工业机器人,它的工作空间与占地面积之比是所有工业机器人中最大的,控制6个自由度就可以实现位置和姿态的定位,即在工作空间内可以实现任何姿态的动作。因此,它通常用于多方向的复杂装配作业,以及有三维轨迹要求的特种作业场合。垂直多关节型工业机器人的关节结构比较容易密封,因此在10级左右的洁净间内多采用该类型工业机器人进行作业。垂直多关节型工业机器人的手臂长度通常选择500(近似人的臂长)~1500mm。

## (三)装配工序引入装配机器人的优点

装配工序引入装配机器人的优点如下。

### 1. 系统的性能价格比高

装配机器人由于没有辊轮等移载装置、搬运装置,所以缩短了设计和调试周期。装配机器人采用标准设计制造产品,质量可靠,提高了整套设备的可靠性。由此可知,通过充分挖掘装配机器人的功能,减少周边设备,可以提高系统的性能价格比。

### 2. 提高系统的柔性

由于装配机器人的程序和示教内容可以变更且修改方便(即使是在系统运行中,也可以对产品设计或工序进行变更),装配工序引入装配机器人可提高系统的柔性。

### 3. 便于工艺改革

引入装配机器人后,现场操作人员能够根据对装配机器人动作的观察,随时修改装配机器人的程序,从而可以缩短生产周期,降低废品率,提高生产率。由专用设备组成的生产线是做不到的这一点的,因为对于由专用设备组成的生产线来说,无论是变更夹具还是变更机械设备,都很困难。

### 4. 提高设备的运转率

一般来说,产品模具的使用寿命到期后,专用设备也就报废了。但换成装配机器人后,它可以重新构成其他设备。新设备购入后,可以立即与二手装配机器人组合并投入使用,从而可以提高设备的运转率。

## (四)装配机器人的发展趋势

目前在工业机器人领域正在加大科研力度,进行装配机器人共性技术及关键技术的研究。装配机器人的研究内容主要集中在以下几个方面。

1. 装配机器人操作机构的优化设计技术

探索新的高强度轻质材料,进一步提高负载自重比,同时机构进一步向着模块化、可重构方向发展。

2. 直接驱动装配机器人

传统的工业机器人都要通过一些减速装置来降速并提高输出力矩,这些传动链会增加系统的功耗,增大系统的惯量、误差等,并降低系统的可靠性。为了减小关节惯性,实现高速、精密、大负载及高可靠性,一种趋势是采用高扭矩低速电机直接驱动装配机器人。

3. 装配机器人控制技术

该研究内容的重点是研究开放式、模块化控制系统,使人机界面更加友好,并逐步研制语言、图形编程界面。装配机器人控制器的标准化和网络化,以及基于个人计算机的网络式控制器已成为研究热点。在编程技术方面,除进一步提高在线编程的可操作性之外,其实用化的完善也是研究重点。

4. 多传感器融合技术

若要进一步提高装配机器人的智能化和适应性,多种传感器的使用是关键。多传感器融合技术的研究热点在于有效可行的多传感器融合算法,特别是在非线性及非平稳、非正态分布的情形下的多传感器融合算法,以及传感系统的实用化。

5. 装配机器人的结构要求

目前操作中对装配机器人的结构要求更加灵巧,其控制系统也越来越小,并且二者正朝着一体化方向发展。

6. 装配机器人遥控及监控技术、装配机器人半自主和自主技术

对于多台装配机器人和操作人员之间的协调控制,可通过网络建立大范围内的装配机器人遥控系统来实现,在有时延的情况下,通

过预先显示进行遥控等。

7. 虚拟装配机器人技术

基于多传感器、多媒体和虚拟现实及临场感技术，实现装配机器人的虚拟遥操作和人机交互。

8. 智能装配机器人

装配机器人的一个目标是实现工作自主，因此要利用知识规划、专家系统等人工智能研究领域的成果，开发出能在各种装配工作站工作的智能装配机器人。

9. 并联工业机器人

传统的工业机器人采用连杆和关节串联结构，并联工业机器人具有非累积定位误差。与串联工业机器人相比，并联工业机器人执行机构的分布得到改善，结构紧凑，刚性提高，承载能力增加，而且其逆位置问题比较直接，奇异位置相对较少，所以近些年来并联工业机器人倍受重视。

10. 协作装配机器人

装配机器人应用领域的扩大对装配机器人提出了一些新要求，如多台装配机器人之间的协作，同一台装配机器人双臂的协作，甚至人与装配机器人的协作，这对于重型或精密装配任务来说非常重要。

11. 多智能体(Mult-iagent)协调控制技术

多智能体协调控制技术是目前装配机器人研究的一个崭新领域，主要对多智能体的群体体系结构、相互间的通信与磋商机理、感知与学习方法、建模和规划、群体行为控制等方面进行研究。

# 第二节　工业机器人自动生产线

工业机器人是指面向工业领域的多关节的机械手或多自由度的

机器装置，也是一种极为智能的机械加工辅助手段，是FMS（柔性制造系统）和FMC（柔性制造单元）的重要组成部分。在智能制造柔性生产线中，工业机器人可实现制造工艺过程中所有的零件抓取、上料、下料、装夹、零件移位和翻转、零件调头等，特别适用于大批量小零部件的加工，能够极大地节约人工成本，提高生产效率。

## 一、工业机器人自动生产线的组成和优势

### （一）工业机器人自动生产线的组成

不同类型的工业机器人自动生产线由于生产的产品不同，大小不一，结构有别，功能各异。自动线由机械本体部分、检测及传感器部分、控制部分、执行机构部分和动力源部分5个部分组成。从功能的角度来看，所有的工业机器人自动生产线都应具备最基本的四大功能，即运转功能、控制功能、检测功能和驱动功能。

运转功能在工业机器人自动生产线中依靠动力源来实现。控制功能在工业机器人自动生产线中是由微机、单片机、可编程控制器或其他一些电子装置来实现的。在工作过程中，设在各部位的传感器把信号检测出来，控制装置再对信号进行存储、运输、运算、变换等，然后通过相应的接口电路向执行机构发出命令，驱动执行机构完成必要的动作。检测功能主要由位置传感器、直线位移传感器、角位移传感器等各种传感器来实现。传感器收集工业机器人自动生产线上的各种信息，如位置信息、温度信息、压力信息、流量信息等，并将其传递给信息处理部分。驱动功能主要由电动机、液压缸、气压缸、电磁阀、机械手或工业机器人等执行机构来实现。整个工业机器人自动生产线的主体是机械本体部分。工业机器人自动生产线的控制部分主要用于保证线内的机床、工件传送系统，以及辅助设备按照规定的工作循环和连锁要求正常工作，并设有故障寻检装置和信号装置。为适应工业机器人自动生产线的调试和正常运行的要求，控制部分

有调整、半自动和自动3种工作状态。在调整状态下可手动操作和调整,实现单台设备的各个动作;在半自动状态下可实现单台设备的单循环工作;在自动状态下自动线能连续工作。

### (二)工业机器人自动生产线的优势

采用工业机器人自动生产线进行生产的产品应有足够大的产量;产品设计和工艺应先进、稳定、可靠,并在较长的时间内保持基本不变。在大批、大量生产中采用工业机器人自动生产线能提高劳动生产率,稳定和提高产品的质量,改善劳动条件,减小生产占地面积,降低生产成本,缩短生产周期,保证生产的均衡性,获得显著的经济效益。

在自动生产线中引入工业机器人具有以下优势:

#### 1. 提高生产效率和产品质量

工业机器人可迅速地从一个作业位置移动到下一个作业位置,尤其是垂直多关节型工业机器人、水平多关节型工业机器人可实现高速移动。与人工相比,工业机器人能够二十四小时不间断工作,并且可提高产品质量,降低劳动力成本。

#### 2. 可充分发挥柔性制造系统的通用性

工业机器人自动生产线可轻松适应多种机型,便于将老机型转换到新机型,随意改变工业机器人的动作,充分发挥柔性制造系统的通用性。

#### 3. 调试时的故障少,可缩短调试时间,系统调试可很快完成

与人工相比,工业机器人属于高自由度的通用产品,可靠性高,且能灵活适应新系统。

#### 4. 成本低

引入工业机器人可大大降低劳动力成本,并把操作人员从简单

的作业中解放出来。

## 二、冲压机器人自动生产线

工业机器人是一种新型的机械设备。它在冲压自动生产线上的应用对汽车的生产制造起着很重要的作用。工业机器人主要依靠设备的控制能力和自身的运动动力来实现生产功能,它不仅能直接听从人的指挥,而且能根据预先设置的程序运行。冲压机器人是工业机器人中的一种,主要运用于冲压自动线;冲压机器人的控制系统是由冲压控制系统和基本控制系统两个部分组成的。其中冲压控制系统用来实现冲压自动生产线上的一些特殊功能,是一个根据实际操作需要而开发的专用模块。

### (一)冲压自动生产线中工业机器人的应用

在冲压自动生产线中,工业机器人通常用于较为恶劣的工作环境,用以完成难度较大、危险系数高的工作。工业机器人的出现,在很大程度上减轻了人类手工操作的工作量。工业机器人在冲压自动线生产过程中的运行方式具体如图7-8所示。

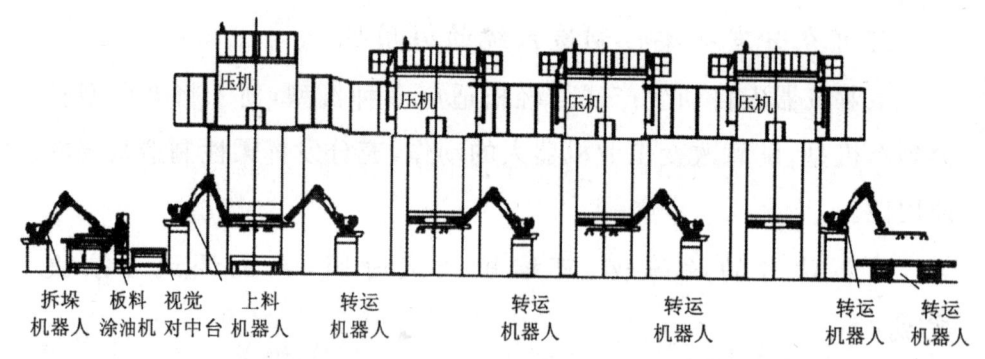

图7-8 工业机器人在冲压自动线生产过程中的运行方式

### (二)冲压机器人自动线的机械组成

冲压机器人自动线的机械组成包括上下料运输系统、拆垛分张系统和线尾检验码垛系统。其中,上下料运输系统又包括上下料机器人、端拾器、机器人机座等,拆垛分张系统包括拆垛小车、拆垛机器人、磁性皮带机、板料清洗机、板料涂油机、视觉对中台等,线尾检验码垛系统包括线尾皮带机、检验照明台等。

拆垛小车主要应用在上料区和上料后停放的固定位置,可以为拆垛机器人的取料提供方便。磁性皮带机按照实际位置的不同分为导入式皮带机和导出式皮带机。导入式皮带机的运行原理为将拆垛机器人取出的物料传送至板料涂油机中,导出式皮带机的运行原理为将板料按照一定的速度送至视觉对中台。两者具有共性,在基本原理上没有太大差异。板料涂油机通常在板件存在较大的拉延率的情况下,在板料拉延这一工序上,进行具体板料的涂油工作,简单来说,就是通过板料涂油机,在板料表层的相应位置进行拉延油的涂抹,消除冷轧钢板上的滑移线,保证最终加工完毕的板件的表面质量达到标准要求,使其具备合格的润滑性能,并提升冲压钢板的防锈能力。视觉对中台通常使用机械对中台,机械对中台可以方便地进行固定或者移动,也可以采用视觉对中或者重力对中的对中方式。拆垛机器人在运行中会根据板料实际的对中位置,进行运动轨迹的自适应调整,从而快速准确地将板料搬运到压力机内。

### (三)冲压机器人自动线的控制系统

控制系统是工业机器人在冲压机器人自动线中运行的核心系统,这一核心系统主要用来保证冲压机器人自动线上的各个部件能在统一协调管理下正常工作。另外,控制系统自身的一些性能对冲压机器人自动线的整体效率和生产制作的自动化程度有着直接影响。控制系统由监控系统、连线控制系统和安全防护系统组成。监控系统与冲压机器人自动线的监控管理相对应,连线控制系统针对自动化生产的整个生产流程进行控制,安全防护系统对生产流程的安全负责。

## (四)冲压机器人自动线的优势

### 1. 生产速度高

提高工业机器人的作业速度和冲压机的作业速度,以及优化工业机器人和冲压机的程序,减少二者的等待时间间隔,可以提高冲压机器人自动线的节拍。具体来说,送料时修改工业机器人的程序,在工业机器人未完全退出时,即呼叫冲压机启动,当冲压机下行到一定位置时,冲压机将检测工业机器人是否完全退出,若未退出,冲压机立即停机,保证设备的安全;取料时修改冲压机的程序,在冲压机未到上死点时,即呼叫工业机器人启动,当冲压机停到上死点时,工业机器人已经吸气取料。

### 2. 冲压机器人自动线上新工件时,调试速度快

机械手式的全自动线调试一个工件(制端拾器和编程等)共需 3 天左右的时间,而冲压机器人自动线调试一个工件仅需 1 天的时间。

### 3. 工件质量高

在冲压机器人自动线中,下料机器人从前一工位取料并将其放到清洗机上,清洗加油完成并送到位后,后一工位的工业机器人再从定位台上取料并将其放入模具,工业机器人从上一工位取料后直接放入下一工位,减少了中间环节,工件质量高,特别对外观件有重要意义。

### 4. 工业机器人编程方便、快捷

由于每台工业机器人都有一个手提式的示教器,用户界面友好,编程人员可以灵活、快速地编程。

### 5. 柔性大

工业机器人最大的特点是柔性大,可以单轴运动,也可以六轴联动完成各种复杂的空间运动,其轨迹既可以是各个空间方向上的直线、圆周,又可以是各种规则或不规则空间曲线。无论采用何种结构的模具,工业机器人皆可轻松地上料、取料。

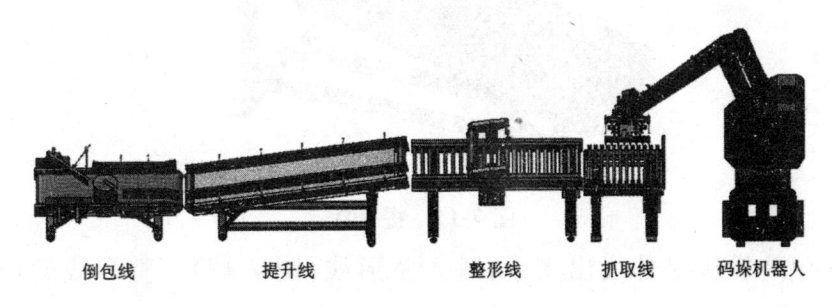

## 三、包装码垛机器人自动线

包装码垛机器人自动线是一个典型的机电一体化系统。所谓机电一体化系统,是指在系统的主功能、信息处理功能和控制功能等方面引进了电子技术,并把机械装置、执行部件、计算机等电子设备和软件等有机结合而构成的系统,即机械、执行、信息处理、接口和软件等部分在电子技术的支配下,以系统的观点进行组合而形成的一种新型机械系统。机电一体化系统由机械系统(机构)、电子信息处理系统(计算机)、动力系统(动力源)、传感检测系统(传感器)、执行元件系统(如电机)五大子系统组成。机电一体化系统的一大特点是其微电子装置取代了人对机械的绝大部分的控制功能,并加以延伸和扩大,克服了人体能力的不足;另一大特点是节省能源和材料。

包装码垛机器人自动线主要应用于化工、粮食、食品及医药等行业中的粉、粒、块状物料的全自动包装。包装码垛机器人自动线可分为包装部分和码垛部分。包装部分实现定量称重、自动供袋、装袋、夹口整形、折边缝口、金属检测、重量复检等功能,码垛部分实现转位编组、推袋压袋、码垛及垛盘地提供和垛盘的输送等功能。

### (一)包装码垛机器人自动线的组成

包装码垛机器人自动线一般由倒包线、提升线、整形线、抓取线、码垛机器人5个部分构成,如图7-9所示。对其各部分的工作过程和主要功能阐述如下。

图7-9 包装码垛机器人自动线的组成

从称量秤、缝包机等客户末端出来的袋装产品均为站立式。包装袋通过输送机，到达倒包线（图7-10）时，会接触到倒包横梁，并倒在倒包板上，通过防滑输送带的传送和导向滚筒的导向，自动调整为长度方向与流水线平行，并纵向输送。通常倒包线的高度是可以调整的。当包装袋的长度、称量秤输送线的高度有更改时，倒包线可以通过其自动升降按钮来驱动自身的升降电机，完成高度的自动调整。

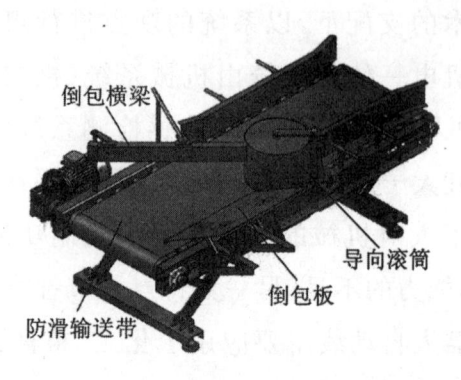

**图 7-10　倒包线**

为了最大限度地发挥码垛机器人的功效和码垛能力，可增加提升线（图7-11），以将从倒包线出来的包装袋提升到某一统一高度。为了配合倒包线的自动升降，提升线段有自动升降按钮，可以调节升降电机使单边提升高度与前段平齐，并保证后端高度不变。

**图 7-11　提升线**

包装袋从提升线出来后，进入整形线（图7-12）。整形线的作用是将包装袋整平，使其末端码成的垛形美观、整齐。整形线由压包整形和振动整形两部分组成。包装袋由包胶托辊输送,通过压包滚筒被压平。压包滚筒由高刚性弹簧提供压力,工作高度可调,能保证极好的压平效果,且不会破坏包装袋和产品。包装袋从压包滚筒出来后由方辊振动整形输送,最后出来的包装袋整齐、美观。

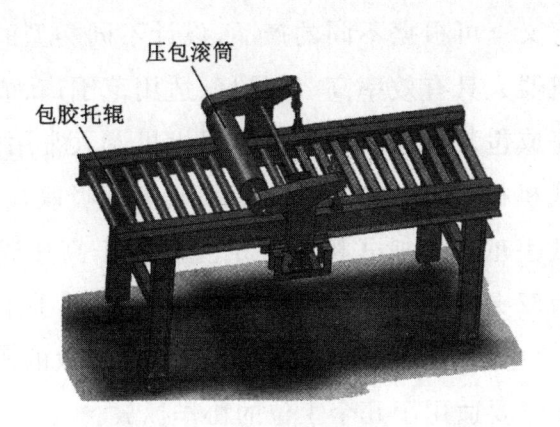

图 7-12　整形线

包装袋从整形线出来后被输送到抓取线(见图 7-13)。抓取线采用皮带环绕设计,除能保证码垛机器人安全、方便地抓取包装袋之外,还能达到静音、节能等效果。

图 7-13　抓取线

四段输送线通过接近开关配合程序进行控制,能保证各段输送线之间先后有序,自动前进和停止,保证不会出现多个包装袋拥挤在一起的情况,使整条自动线上包装袋均匀分布,有条不紊地前进。

从提取线出来后,包装袋被码垛机器人自动码垛成所要求的剁形。

### (二)包装码垛机器人的机械手爪

作为包装码垛机器人的重要组成部分之一,机械手爪(也称机械手或机械抓手)的工作性能对包装码垛机器人的整体工作性能具有非常重要的意义。可根据不同的产品,设计不同类型的机械手爪,使得包装码垛机器人具有效率高、质量好、适用范围广、成本低等优势,并能很好地完成包装码垛工作。包装码垛机器人常用的机械手爪主要包括夹抓式机械手爪、夹板式机械手爪、真空吸取式机械手爪和混合抓取式机械手爪。夹抓式机械手爪主要用于高速码装;夹板式机械手爪可分为双夹板式机械手爪和单夹板式机械手爪两种,主要用于箱盒码垛;真空吸取式机械手爪主要用于可吸取的码放物;混合抓取式机械手爪主要适用于几个工位的协作抓放。

### (三)包装码垛机器人自动线的发展趋势

(1)智能识别不同物体并进行分类、搬运、传送,实现过程自动化。

(2)通过图像识别控制机器的方法,将包装码垛机器人应用到其他领域。

(3)微处理器对机械的准确控制和对目标的准确跟踪。

(4)包装码垛机器人可以利用传感器准确找到并分辨出已经标记的不同的物体,并将物体转运到指定位置,实现寻线、避障、智能分类、装卸、搬运的功能。

## 第三节 在生产中引入工业机器人工作站系统的方法

要在生产中引入工业机器人工作站系统的工程,可按可行性分析、工业机器人工作站或自动线的详细设计、制造与试运行及交付使用4个阶段进行。

## 一、可行性分析

通常,首先需要对工程进行可行性分析。在引入工业机器人工作站系统之前,必须仔细了解应用工业机器人的目的和主要的技术要求,并至少应在以下3个方面进行可行性分析。

### (一)技术上的可能性和先进性

可行性分析首先要解决技术上的可能性和先进性问题。为此,必须进行可行性调查,调查内容主要包括用户现场调研和相似作业的实例调查等。在充分取得了调查资料之后,就要规划初步的技术方案,为此要进行以下工作:作业量和作业难度分析;编制作业流程卡片;绘制时序表,确定作业范围并初选工业机器人型号;确定相应的外围设备;确定工程难点并进行试验取证;确定人工干预程度等。最后,提出几个规划方案并绘制相应的工业机器人工作站或自动线的平面配置图,编制说明文件;对各方案进行先进性评估,具体内容包括评估工业机器人工作站系统、外围设备、控制系统、通信系统等的先进性。

### (二)投资上的可能性和合理性

根据前面提出的技术方案,对工业机器人工作站系统、外围设备、控制系统和安全保护设施等逐项进行估价,并考虑工程进行中可预见的和不可预见的附加开支,按工程计算方法得到初步的工程造价。

### (三)工程实施过程中的可能性和可变更性

在满足前两个方面的可行性之后,接下来便是引入方案,并对方案施工过程中的可能性和可变更性进行分析。这是因为在很多设备、原件等的制造、选购、运输、安装过程中,还可能出现一些不可预见的问题,必须制订发生问题时的替代方案。

在进行上述分析之后,就可对将工业机器人引入工程的初步方案进行可行性排序,得出可行性结论,并确定一个最佳方案,之后再进行工业机器人工作站、自动线的工程设计。

## 二、工业机器人工作站或自动线的详细设计

该阶段的具体任务是,根据可行性分析中所选定的初步技术方案,进行详细的设计、开发,进行关键技术和关键设备的局部试验,并绘制施工图、编制说明书。

### (一)规划及系统设计

规划及系统设计的主要工作包括设计单位内部任务划分、对工业机器人的考察和询价、规划单编制、运行系统设计、外围设备(辅助设备、配套设备和安全装置等)能力的详细计划、关键问题的解决等。

### (二)布局设计

布局设计的主要工作包括工业机器人的选用,人机系统配置,作业对象物流路线的拟订,电、液、气系统的走线设计,操作箱、电气柜位置的确定,以及维护修理和安全设施配置等内容。

### (三)用于扩大工业机器人应用范围的辅助设备的选用和设计

此项工作的任务包括工业机器人用以完成作业的末端操作器、固定和改变作业对象位姿的夹具和变位机、改变工业机器人动作方向和范围的机座的选用和设计。一般来说,这一部分的设计工作量最大。

### (四)配套和安全装置的选用和设计

此项工作主要包括完成作业要求所需的配套设备(如弧焊的焊丝切断和焊枪清理设备等)的选用和设计、安全装置(如围栏、安全门、安全栅等)的选用和设计和现有设备的改造等内容。

### (五)控制系统设计

此项工作包括系统的标准控制类型和追加性能的选定,系统工作顺序与方法的确定及互锁等安全设计,液压设备、气动设备、电气设备、电子设备和备用设备的试验,电气控制线路的设计,工业机器人线路及整个系统线路的设计等内容。

### (六)支持系统设计

支持系统设计包括故障排队与修复方法、停机时的对策和准备、备用机器的筹备和意外情况下的救急措施等几个方面的内容。

### (七)工程施工设计

此项工作包括工作系统说明书、工业机器人详细性能和规格说明书、标准件说明书编写,工程制图绘制,图纸清单编写等内容。

### (八)编制采购资料

此项工作包括工业机器人估价委托书、机器人性能及自检结果的编写,标准件采购清单、操作人员培训计划的编制,维护说明和各项预算方案的编写等内容。

## 三、制造与试运行

制造与试运行是根据详细设计阶段确定的施工图纸、说明书进行布置、工艺分析、制作、采购,然后进行安装、测试、调整,使之达到预期的技术要求,同时对管理人员、操作人员进行培训。

### (一)制作准备

制作准备包括制作估价、拟订事后服务和保证事项、签订制造合同、选定培训人员和实施培训等内容。

### (二)制作与采购

此项工作包括加工零件制造工艺设计、零件加工、标准件采购、工业机器人性能检查、采购件验收检查和故障处理等内容。

### (三)安装与试运转

此项工作包括总体设备安装,试运转检查,试运转调整,连续运转,实施预期的工业机器人工作站系统工作循环实施、生产试车,维护维修培训等内容。

### (四)连续运转

连续运转工作包括按规划中的要求进行系统的连续运转和记录,发现和解决异常问题,实地改造,接受用户的检查,编写验收总结报告等内容。

## 四、交付使用

交付使用后,为达到和保持预期的性能和目标,应对系统进行维护和改进,并进行综合评价。

### (一)运转率检查

此项工作包括正常运转概率测定、周期循环时间和产量测定、停机现象分析和故障原因分析等内容。

### (二)改进

此项工作包括正常生产必须改造事项的选定和实施及今后改进事项的研讨和规划等内容。

### (三)评估

此项工作包括技术评估、经济评估、对现实效果和将来效果的研讨、再研究课题的确定和编写总结报告等内容。

由此看出,在工业生产中引入工业机器人工作站系统是一项相当细致复杂的系统工程,涉及机、电、液、气等诸多技术领域,不仅要求人们从技术上进行可行性研究,而且要从经济效益、社会效益、企业发展等多方面进行可行性研究。只有立题正确、投资准、选型好、设备经久耐用,才能最大限度地发挥工业机器人的优越性,提高生产效率。

## 五、工程工业机器人和外围设备

### (一)工业机器人和外围设备的任务

采用工业机器人实现自动化时,应就自动化的目的和目标、作业对象、自动化的规模、维护保养等问题与工业机器人制造厂和外围设备制造厂充分交换意见和研究后再确定方案,特别要注意整个系统的经济性、稳定性和可靠性。

1. 自动化规模和工业机器人

实施自动化时,无论使用工业机器人与否,其规模的大小都是一个重要的问题。工业机器人的规格和外围设备的规格都是随着自动化规模的变化而变化的。

在一般情况下,灵活性高的工业机器人价格也高,但其外围设备较为简单,并能适应产品的型号变化。灵活性低的工业机器人的外围设备较为复杂,当产品型号改变时,需要高额的投资对其外围设备进行调整。

2. 工业机器人和外围设备的选择

工业机器人和外围设备的规格决定了自动化的程度。对于工业机器人而言,首先必须确定的是选用市场出售的工业机器人还是选用特殊制造的工业机器人。通常,除生产一定数量的特殊工业机器人外,从市场上选择适合该系统使用的工业机器人既经济可靠,又便于维护保养。

### (二)外围设备的种类及注意事项

必须根据自动化的规模来决定工业机器人和外围设备的规格。作业对象不同,工业机器人和外围设备的规格也多种多样。应根据技术要求,选择与工业机器人配套的外围设备。外围设备涉及机、电、液、气等,必须严格按技术要求来选型。

# 参考文献

[1] 蔡自兴. 机器人学[M]. 北京:清华大学出版社,2000.

[2] 王元庆. 新型传感器原理及应用[M]. 北京:机械工业出版社,2003.

[3] 高国富,谢少荣,罗均. 机器人传感器及其应用[M]. 北京:化学工业出版社,2005.

[4] 高森年. 机电一体化[M]. 赵文珍,译. 北京:科学出版社,2001.

[5] 苏建,翟乃斌,刘玉梅,等. 汽车整车尺寸机器视觉测量系统的研究[J]. 公路交通科技,2007,24(4):145-149.

[6] 朱世强,王宣银. 机器人技术及其应用[M]. 杭州:浙江大学出版社,2001.

[7] 刘极峰,易际明. 机器人技术基础[M]. 北京:高等教育出版社,2006.

[8] 张铁,谢存禧. 机器人学[M]. 广州:华南理工大学出版社,2001.

[9] 白井良明. 机器人工程[M]. 王棣棠,译. 北京:科学出版社,2001.

[10] 梶田秀司. 仿人机器人[M]. 管贻生,译. 北京:清华大学出版社,2008.

[11] 孙志杰,王善军,张雪鑫. 工业机器人发展现状与趋势[J]. 吉林工程技术师范学院学报,2011,27(7):61-62.

[12] 张立建,胡瑞钦,易旺民. 基于六维力传感器的工业机器人末端负载受力感知研究[J]. 自动化学报,2017,43(3):439-447.

[13] 苏西庆. 工业机器人在骨架油封成型硫化过程中的应用[J]. 中国橡胶,2016,32(7):25-27.

[14] 刘源.多自由度工业机器人控制系统设计[D].赣州:江西理工大学,2012.

[15] 胡伟,陈彬,吕世霞.工业机器人行业应用实训教程[M].北京:机械工业出版社,2015.

[16] 刘鹏.汽车行业里的工业机器人[J].汽车制造业,2007(19):74-75.

[17] 柳鹏.我国工业机器人发展及趋势[J].机器人技术与应用,2012(5):20-22.

[18] 刘宝亮.工业机器人进口超七成怎扛"需求世界第一"重担?[J].中国战略新兴产业,2014(1):88-90.

[19] 科技舆情分析研究所.在机器人产业2.0时代我们必须意识到信息技术将是新的"芯"[J].今日科技,2016(12):7-8.

[20] 孙英飞,罗爱华.我国工业机器人发展研究[J].科学技术与工程,2012,12(12):2912-2918.

[21] 肖勇.八足蜘蛛仿生机器人的设计与实现[D].合肥:中国科学技术大学,2006.

[22] 金茂菁,曲忠萍,张桂华.国外工业机器人发展态势分析[J].机器人技术与应用,2001(2):6-8.

[23] 嵇鹏程,沈惠平.服务机器人的现状及其发展趋势[J].常州大学学报(自然科学版),2010,22(2):73-78.

[24] 朱力.目前各国机器人发展情况[J].中国青年科技,2003(11):38-39.

[25] 王全福,刘进长.机器人的昨天、今天和明天[J].中国机械工程,2000,11(1):4-5.

[26] 汪励,陈小艳.工业机器人工作站系统集成[M].北京:机械工业出版社,2014.

[27] 郝巧梅,刘怀兰.工业机器人技术[M].北京:电子工业出版

社,2016.

[28] 杨杰忠,王泽春,刘伟. 工业机器人技术基础[M]. 北京:机械工业出版社,2017.

[29] 王保军,腾少峰. 工业机器人基础[M]. 武汉:华中科技大学出版社,2015.

[30] 汤晓华,等. 工业机器人应用技术[M]. 北京:高等教育出版社,2015.

[31] 战强. 机器人学:机构、运动学、动力学及运动规划[M]. 北京:清华大学出版社,2019.

[32] 蔡自兴,等. 机器人学基础[M]. 2版. 北京:机械工业出版社,2013.

[33] 李瑞峰,葛连正. 工业机器人技术[M]. 北京:清华大学出版社,2019.

[34] 侯守军,金陵芳. 工业机器人技术基础(微课视频版)[M]. 北京:机械工业出版社,2018.

[35] 李团结. 机器人技术[M]. 北京:电子工业出版社,2009.

[36] 韩建海. 工业机器人[M]. 3版. 武汉:华中科技大学出版社,2015.

[37] 柳洪义,宋伟刚. 机器人技术基础[M]. 北京:冶金工业出版社,2002.

[38] 申铁龙. 机器人鲁棒控制基础[M]. 北京:清华大学出版社,2003.

[39] 陈恳. 机器人技术与应用[M]. 北京:清华大学出版社,2006.

[40] 朱世强,王宣银. 机器人技术及其应用[M]. 杭州:浙江大学出版社,2001.

[41] 杨立云. 工业机器人技术基础[M]. 北京:机械工业出版社,2017.

[42] 杨杰忠,王泽春,刘伟. 工业机器人技术基础[M]. 北京:机械工业出版社,2017.

[43] 孟庆鑫,王晓东. 机器人技术基础[M]. 哈尔滨:哈尔滨工业大学出版社,2006.

[44] 郭洪红. 工业机器人技术[M]. 西安:西安电子科技大学出版社,2006.

[45] 兰虎. 工业机器人技术及应用[M]. 北京:机械工业出版社,2014.